U0299527

一　　　　　　　　　沙

一　　　世　　　界

一　　　　　　　　　花

一　　　天　　　堂

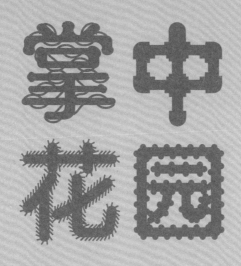

掌中花园

LET'S GO GARDENING

无穷小亮的
栽培心得与技巧

张辰亮 ● 著

中信出版集团 | 北京

图书在版编目（CIP）数据

掌中花园：无穷小亮的栽培心得与技巧/张辰亮著
. -- 2版. -- 北京：中信出版社, 2022.11（2023.7重印）
ISBN 978-7-5217-4757-7

Ⅰ.①掌… Ⅱ.①张… Ⅲ.①观赏园艺 Ⅳ.①S68

中国版本图书馆CIP数据核字(2022)第167414号

掌中花园——无穷小亮的栽培心得与技巧

著　　者：张辰亮
策划推广：北京地理全景知识产权管理有限责任公司
出版发行：中信出版集团股份有限公司
　　　　　（北京市朝阳区东三环北路27号嘉铭中心　邮编　100020）
承 印 者：北京华联印刷有限公司

开　　本：889mm×1194mm　1/32　　　印　张：9　　　字　数：218千字
版　　次：2022年11月第2版　　　　　印　次：2023年7月第8次印刷
书　　号：ISBN 978-7-5217-4757-7
定　　价：78.00元

自序 把种花的事情说清楚

我是一个生物爱好者，喜欢在家里种些植物，也时常拍下自己种的花，放到网上晒晒。慢慢地，越来越多的网友开始问我，怎么种花？什么花好打理？按照卖花人说的方法来养怎么还养死了？为什么我每天精心照顾可花总是死？

我一细打听，有些哭笑不得——卖花人说："这花千万别浇水！"于是他就真的一滴水都不浇，花当然就干死了。而另一些人所谓的"精心照顾"，就是放在暗无天日的电脑边，每天都浇水，长此以往，花晒不到阳光，土壤一直潮湿，根就烂了。

看明白了吧，植物新手失败的原因，都是用"想象中应该是这样"的方法，而不是用真正正确的方法来养花。我刚想在心底笑话他们，转念一想，我刚开始种花时也是这样：买来花也不懂得换盆、换土，还把它放在房间的阴暗角落里；听说多肉植物喜欢阳光，大夏天也拿出去晒，结果一天就晒死了……

后来我觉得大概不是这样养的，就开始买书、上网看资料。我发现，很多资料都是这样写的："喜阳光，亦耐阴，土壤应肥沃、疏松，浇水应间干间湿，适宜温度25℃左右……"虽然写了一大堆，但感觉是一堆正确的废话。这不跟没说一样？

后来在一些园艺论坛里我才找到了感觉。论坛里的帖子都是园艺爱好者写的，他们既有亲身体会，又能用"人话"

把这些体会讲出来。比如哪个品种开起花来不要命，哪种植物要是一直不肯发芽，就用针扎扎它的球茎，它就"醒了"……一些写得好的帖子被设为精华帖，里面满满的干货，这才是我需要的知识。

网上也有一些"大神级"的花友，他们种出的花状态极佳，"毒"倒一片人，却只爱发图，不爱说话，任凭评论里各种求养护秘籍的哀号，依然不为所动。我当时很不满，觉得你种得这么好，为什么不跟大家分享一下方法，光发图显摆有什么用！

可当我也被称为"会种花的人"的时候，我才体会到这些大神的感觉——要说的很多，却又觉得没什么可说的。虽然学习的时候花了很多功夫，但真会了以后，养护方法已经成了一种"本能"，早上起来看看天气，看看植物的状态，顺带手就把哪盆该遮阳、哪盆该浇水给办了。所以，会养花的人总是觉得"我什么都没干，花就长得挺好"，不会养花的人则觉得"我做了这么多，花怎么还死了"，这就是会者不难、难者不会吧。

对会种花的人来说，条理清楚地把养护知识告诉新手，是一件挺耗精力的事。一方面，要把脑海中的各种知识捋顺了不是那么容易；另一方面，新手迫切想知道的东西，也许在园艺高手的眼中连常识都算不上，所以他们常常会忽略介绍这些基本知识。

而我一直都记得自己是园艺新手时的一个心愿——有一本讲述亲身经验的、不抄来抄去的园艺书来带我入门。所以这几年我一直在研究好玩、好养的植物，尤其是迷你盆栽和生态造景，这是我感兴趣的领域。

我一边种盆栽，一边用文字和相机记录它们的状态，长出效果后，继续观察它们的长势，把其间需要注意的要点都记录下来。当初入门时，我最爱看"大神们"无意中写出的要点，它们对新手的帮助是巨大的。当觉得这样养真正靠谱后，我再写成文章，集结成你手中的这本书。

当然，"靠谱"分很多种。像雨林缸，里面的植物每年都能开花才叫靠谱，而用水果的种子做成的盆栽，不可能活个几十年长成大树，但作为短期观赏来用，依然是靠谱的。本书的一大特点就是诚实地告诉你，哪些玩法是适合短期观赏的，哪些是可以长期维持的。它不像有些园艺书回避这一点，让新手觉得每种盆栽都能当成传家宝，世世代代活下去。

仅凭我自己的力量还是完成不了所有文章，所以我跟几位植物达人合写了书中部分文章，他们的种植经验非常重要。"树荫下的珍玩"与朱永斌合写，"永恒之莲""水晶陷阱"与李松龄合写，"坠入甜蜜的陷阱"与花诗鉴合写，"嘴大吃八方"与黄伟合写，"赏花毯，品香茶"与余天一合写，"小花爆满盆"与马涛合写。唐志远、孙庆美、吴超也为本书拍摄了部分照片，在此向各位同好一并致谢。

本书有27种趣味盆栽的教程，其中有植物原生地环境的介绍，帮助你了解它们的习性，种植和造景步骤还配有实图，养护秘诀都是亲身经验的大集合。希望它能带你走进园艺的大门，让你制作出更有想法的盆栽。

目录

第一章

多肉小窝

第二章

食虫湿地

第三章

球根花园

肉肉小事

第一章

绿色系卡布奇诺

火龙果幼苗造景法

据说，重度强迫症患者吃火龙果，一定要把籽都挑出来才行……不过我们这次的造景，还真得用到不少火龙果的种子。

没错，吃火龙果的时候，只要留下一些籽，你就能创造出一朵绿色的卡布奇诺咖啡拉花。

你了解火龙果吗？

很多人可能不知道，火龙果是仙人掌的果实。它的中文正名是量天尺，属于仙人掌科量天尺属，原产于中美洲的热带丛林中，现在已经在我国台湾、海南、广西、广东、福建等省区落地生根。整棵植株足有一人多高，会先开出满树的大花，形状和昙花很像，花谢之后，一个个火龙果就挂满枝头了。

"绿钻"妙用

火龙果的种子均匀分布在果肉里，它们太小了，甚至小到不影响口感，所以我们常常忽视它，把它一起吃进肚子里。其实，几乎每颗火龙果种子都能发芽。火龙果的幼苗又矮又胖，只有两片肉肉的小叶，而且这种形态可以保持很长时间，所以火龙果幼苗如今也成了一种新兴的观赏植物种类，园艺上叫它"绿钻"。它常常是被密密地种在一起，形成微型草坪的效果。

卡布奇诺是意大利人喝咖啡的一种花样儿，它有个著名的工艺，就是用奶在咖啡表面做出漂亮的拉花图案。其中，心形是最常见的拉花。我们这次就利用幼苗便于塑形的特点，做出一个"活"的卡布奇诺拉花。

火龙果长在仙人掌上的时候，就是这个样子

火龙果任何部位的种子都能发芽，所以想取哪里的果肉都可以。平时吃火龙果时，经常将头部切下来扔掉，其实头部这一点果肉里包含的种子已经足够我们用了。不要扔掉它，用勺把这块果肉挖出来，给里面的种子一个生根发芽的机会。

火龙果任何部位的种子皆可

把果肉用纱布（也可以用丝袜）包好，用力揉捏，就能把果肉从布缝里挤出来，再用水把果肉冲洗掉。重复这个步骤，一直到果肉被完全挤走。现在纱布里只剩下种子了。这时的种子很湿、很黏，可以摊开放置一晚上，让它自然风干。

摊开，自然风干

纱布包裹揉搓，去除果肉

3 晾种子的时候，我们来做一个心形的模具。如果你有现成的心形饼干模具，那就再方便不过了。如果没有也不要紧，我们一分钟就能自制一个：把一个一次性纸杯横着剪下一个纸环，宽度如下图所示；把这个环捏扁，这样它就有了两个折痕，把其中一个折痕向里窝，用订书钉固定住，心形模具就做好了。

制作心形小模具

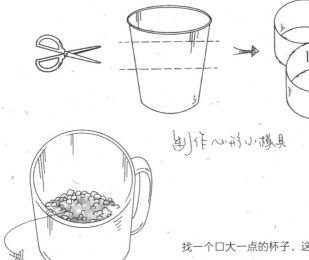

小石子

4 找一个口大一点的杯子，这样可以种更多的种子。在杯底铺一层小石子，起疏水透气的作用。

第一章 多肉小窝

5

在杯子里铺上花卉营养土（花市有卖），把模具放在土上，将其一半压进土中，确保其固定住。

掌中花园

Let's Go Gardening

鹿沼土

6

在模具外面铺一层鹿沼土（花市和网上都有卖），这是一种很轻的颗粒土，经常被铺在盆栽表面作为装饰。它湿润的时候是金黄色，和卡布奇诺的颜色很相近，干燥的时候是淡黄色。通过观察它的颜色变化，就可以知道土壤的干湿程度了，这也方便以后的养护。

第二天，种子晾干了，把它们撒在模具里面。要撒得密一点，这样长出来才好看，尤其是边缘一定要撒得满满的，这样长出的心形才能完美。种子上不用再铺土了。之后，在模具外的鹿沼土上注入一些水，注到模具中间的土壤略微湿润即可。不在模具内倒水是为了不把刚铺好的种子冲乱。在杯口罩上保鲜膜，放在没有直射光的温暖处。保持这样的状态是最好的：保鲜膜上一直凝结着一层水珠，但并不滴落。

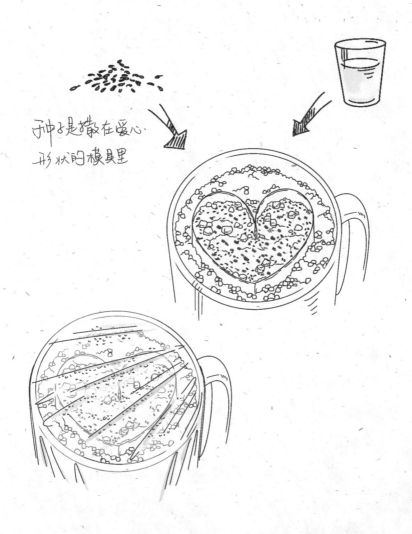

种子是撒在爱心形状的模具里

种子发芽了

一周左右，就可以看到种子发芽了。它们会先长出根毛，不要误认为是发霉。这个时候就要把杯子放在有柔和阳光的地方（比如放在东向或南向窗台，隔着玻璃晒），最好一天能晒两三个小时的太阳，否则小苗就会"追光"，长得太长就不好看了。保鲜膜还要继续盖着，因为此时还有不少种子尚未发芽。

等到70%的种子发芽时，就可以去掉保鲜膜了，土壤仍然要保持微湿，用喷壶来控制。看到哪里的种子还没发芽，可以特别照顾一下，用针筒在那个地方滴一些水。这时阳光可以多给一些，每天晒4个小时左右。最好是早上或者下午的暖阳，夏天中午的火辣阳光还是要避开的。

一个月后，把纸模小心地拆掉，一杯纯天然的"卡布奇诺"就制作成了。肉肉的小叶片纷纷摊开，努力接纳着阳光，真是正能量满满！此时，一周喷一次水就可以了。喷水后，小苗晶莹剔透，鹿沼土也瞬间变成了金黄色，令人耳目一新。这景观可以一直维持三个多月。之后，小苗会长出毛茸茸的小仙人掌，虽然不像咖啡了，但却变成了一个微型仙人掌丛林，另有一种萌态。不过，要想让它结出果实可就费劲了，它要长到一米多高才会结果，而家中很难把它养到那么大，就连果农也不爱用种子种，而是采用扦插或嫁接的办法。所以，还是把它当作小清新的盆栽来欣赏吧。

用针筒"照顾"一下还没发芽的种子

幼苗会慢慢地长出小仙人掌，白色的茸毛更添几分可爱，
但指望它结出果实就不太现实啦

让仙人掌坚强绽放

沙漠缸造景法

仙人掌貌似是很多人眼中最好养的植物了，但你是怎么养仙人掌的呢？放在电脑旁，还是放到晒不到太阳的书桌上？

那样既容易养死，又没有美感，还容易扎伤你自己……为什么不设计一个沙漠的环境，让这些"刺头小胖子"在你家有宾至如归的感觉呢？它们一定会很高兴的。

认识仙人掌

仙人掌是石竹目仙人掌科植物的统称，大多数种类的叶片退化成刺或者毛，用来减少水分蒸发，同时通过肥大的茎来进行光合作用。

有些仙人掌是地生性的，根扎在土里，一般生长在干旱炎热的荒漠里，比如很多仙人球属的植物。还有些仙人掌是附生性的，根直接攀附在悬崖、树干上，我们熟悉的昙花、蟹爪兰、火龙果都属于这一类。

做个仙人掌缸

水草缸、雨林缸、水陆缸很常见，但沙漠风格的缸景很少。因为沙漠植物需要良好的排水，而很多人觉得缸不能排水，植物的根会被闷死。其实你琢磨一下，就算你盆栽仙人掌，也经常会在盆子下垫个接水盘吧？而缸养仙人掌，其实就相当于把好几盆仙人掌放在一个大接水盘里，道理是一样的，完全可以养好。而且一些仙人掌发烧友在冬季还会特意把仙人掌盆栽放进玻璃缸，缸里的温度和湿度比外界高，仙人掌在缸养期会长得特别"肥"。

所以，不要认为仙人掌缸不可能，大胆地去做，做好后的仙人掌缸和盆栽仙人掌是完全不同的气质，很值得尝试。

附生性仙人掌的代表——令箭荷花，生长在热带雨林的树干上

仙人掌能防辐射吗？

不少人买仙人掌的目的就是放在电脑边防辐射，但我要告诉大家：仙人掌不能防辐射。

首先，电脑辐射属于"电磁辐射"，而不是有害的核辐射。目前没有证据证明电磁辐射对人体有害。如果你说"不管它有没有害，我就是一听'辐射'俩字儿就别扭，花店老板说仙人掌能吸收电脑辐射"，我只能说，对不起，真的不能。因为电磁辐射是一种电磁波，它里面有无数光子，永远以光速运动，不会停在你的身上，自然也不会停在仙人掌身

各种地生性仙人掌

上，更别提被仙人掌吸收了。举个例子，可见光也是电磁波，电脑屏幕发光照着你，旁边的仙人掌显然不能把这些光吸走。除非你用好几盆仙人掌密密地挡住屏幕……但你还怎么用电脑呢？电脑边通常都晒不到太阳，而灯光根本不能满足仙人掌的需要，它们最终都会悲惨地死去。

植物选择

　　沙漠造景，原则上可以用沙漠里生活的各种植物。但这一次我们计划在鱼缸里造景，这就意味着只能选用小型的、生长缓慢的植物，方便在小环境里长时间观赏，于是一些小型仙人掌植物就成了最佳选择。推荐选择花市上一些便宜的种类，它们一般比较好养。一些仙人掌的观赏重点是它的花，另一些则是植株的形态，二者可以做一下结合，这样在有花和没花的时候都有的看。

鱼缸尽量大，造出景来比较好看。由于鱼缸底部没有孔，浇的水无法排出，为了不让植物烂根，需要先铺上疏水透气层。用小石子就可以，还可以美化一下：使用不同颜色的石子，铺出高低错落的分层，模拟大地的地层。

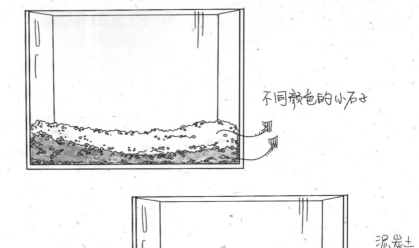

不同颜色的小石子

泥炭土
+
珍珠岩
+
煤渣

这一步要铺土了。仙人掌的土以疏松透气为要诀，我使用了泥炭土、珍珠岩、烧过的煤渣来混合。泥炭土和珍珠岩没什么养分，主要起疏松透气的作用，而煤渣富含养分，可以去早点摊要一些烧完的蜂窝煤，砸碎后使用。这张图片看起来土层不厚，石子层反而很厚，这么少的土可以吗？其实，下面两层石子只在面对观赏者这一面比较厚，到后面就逐渐变薄了，所以后面的土层是很厚的。

纸巾包着仙人掌，避免扎手

3 种植物时，你可以直接连盆埋进土里，这样日后调整比较方便，也可以脱盆来种，这样根系可以充分伸展。为避免扎手，可以用纸巾包住植物，或者戴手套。仙人掌生性强健，耐折腾，可以直接栽种一些正在开花的个体，这样刚种完就有比较好的观赏效果。

沙子

4 在土层上撒一层沙子，这样才叫沙漠造景嘛。撒过之后，表面会凹凸不平，可以轻轻吹平。

摆上一些石块，最好是沙漠里捡的风化岩石。
再插上两根松树皮，像不像两棵枯树？

松树皮

风化岩石

种好之后先不用浇水，在明亮的地方先放一
周，然后再浇水。浇到下层石子湿润但不积水
就好，并移到阳光下养护。

　　仙人掌最重要的是一定要晒到太阳！但是，室外天气变化无常，曝晒会让缸内温度迅速升高，大雨更是噩梦，仙人掌全成潜水员了。所以，最好放在室内南面窗户旁，这里阳光最好，还不会受外界影响。

　　浇水要等土壤干透再浇，玻璃缸可以很方便地观察到这一点。待仙人掌养定后，每次浇水可以浇到缸底有0.5～1厘米的积水，这些水可以缓慢蒸腾上面的土壤，这样你的浇水次数就会减少。

　　仙人掌种类可选有沟宝山属和星球属（兜类），它们只会横向发展，不会往高长，且容易开花。缸里的仙人掌开花当然是最有趣的了！也可以养瑞云牡丹锦、肋骨牡丹锦，这些带锦的仙人球五彩斑斓，不开花也好看，且生长缓慢，不用担心"撑破"缸。最重要的是，带锦的仙人球不耐晒，放在室内的缸里正合适。

仙人球"无刺断琴丸"在缸里开出的小花

树荫下的珍玩

瓦苇植物造景法

多肉植物虽然萌倒许多人，但它们大多需要长时间光照，这让家中光线不好的朋友很着急。

不用怕，瓦苇植物就不需要那么强的光照，而且具有独特的观赏点，目前它的走红程度大有赶超景天的势头！

缩进土里辟蹊径

瓦苇属于阿福花科十二卷属，原产于南非。南非夏季炎热干燥，冬季温和多雨，盛产多肉植物。在各种多肉植物激烈竞争的环境下，瓦苇独辟蹊径：它并不生长在其他多肉喜欢的阳光充足处，而是躲进灌木丛的树荫下或者巨石之间的缝隙里。这里阳光不强烈，其他多肉难以生存，于是瓦苇便成功地甩掉了竞争对手。在这种安逸的环境下，它可以"放开手脚"来进化，甚至称得上是"爆发式进化"。至今人们已发现了数百种瓦苇类植物，并且还在不断地发现新种。

硬叶和软叶

瓦苇可以粗略地分成硬叶系和软叶系两类。硬叶系通过坚硬的叶片阻止水分蒸发，软叶系则把"身体"的大部分都缩进土里，避免被晒干。但这样一来，软叶系怎么进行光合作用呢？它有一个妙招：叶片顶端变成透明的"窗"结构，阳光能从这里照进位于地下的植株。正是这一扇扇"窗"，让软叶系瓦苇具有了独特的萌感，甚至会让人怀疑它是外星生物。

硬叶系瓦苇没有"窗"，而是用坚硬的表层保住体内水分

软叶系瓦苇的叶片顶端变成透明的"窗"结构，让缩在地下的植株也能晒到太阳

强烈的光照配合特殊的温差和水分，就能让叶片变成红色

这些"小崽"全是一棵姬玉露在两年内繁殖出来的，
姬玉露迷你、强壮又便宜，推荐用它入门

高温红和低温红

瓦苇的颜色通常为绿色，但也有"斑锦变异"的个体会呈现出黄色、白色或者红色的变化。其实，普通品种通过人工调控，也能令叶子的颜色由绿转红，其中包括"高温红"和"低温红"两种情况。

高温红多为紫红色，是夏季休眠的表现。一般进入夏季后，多数瓦苇会休眠，此时少浇水或者断水，可以让植物安全度过炎夏。水分变少，再加上每天3～4个小时的阳光照射，植株会缩成球状，外层的叶片会变成褐色。进入凉爽的秋季后，只要恢复正常给水，就能塑造出紫红色的叶片了。

低温红多以嫩红色为主，主要在冬季形成，尤其容易在最低温度临近冰点、昼夜温差在10℃以上、空气湿度在80%以上而土壤相对干燥的时候出现。这种红色在江南的冬季园艺大棚里经常能看到，而普通家庭无法满足如此高的湿度条件，也就较少能看到这种红色了。

造景步骤

很多硬叶系和软叶系瓦苇的种植环境相似，可以种在一个盆里。建议选择小型群生株，色彩和外形可以区别得大一些，这样造出的景既有原生氛围，又有鲜艳美丽的效果。

选择小型群生株

放置几颗颜色浅、边角锋利的石头

瓦苇根系发达，所以盆器要有一定深度。铺上多肉植物专用土后，就要进行构图了。比较简单的是用石块摆出三角形，这种方法最容易使人感觉平衡。石头宜选择边角锋利的，能凸显狂野的自然气概。颜色最好浅一点，这样更能突出瓦苇的形和色。

好好发挥你的艺术创造力吧

好了，着手栽种植物吧！先种抢人眼球、体形大的"视觉焦点"，把它们种在石块的缝隙间，这样造景就会显得自然天成。然后用个体小的植物进行点缀，颜色深的靠边放，颜色浅的放中间。叶子小的种在中后方，叶子大的则倾向种在两侧，还可以利用小植物将两块石头间的突兀分界线隐去。

上铺上一层粗砂

第一章 多肉小窝

这类瓦苇俗称"毛球"，是比较小众的族群，另有一番味道

在表面铺上一层粗砂作为装饰土，再用喷壶把整个盆栽清洗一遍，一处华丽又野趣十足的瓦苇造景就完成啦！

瓦苇的最佳生长温度为5～30℃，低于或高于这个范围，多数品种会进入休眠状态。所以最好在温度还没达到临界点时，为它们提前控水。比如，8月会达到35℃以上的高温，那么从6月中旬开始，就可以逐步控水甚至断水了。这样植物才能逐步适应，避免出现死伤。在凉爽的季节，瓦苇对水的需求量比景天、仙人掌等多肉要大，基本上在土干透之前就要浇下一次水了。不过，每个家庭条件不同，还是要自己把握。瓦苇对光照的要求相对较弱，东向、西向的窗台就可以满足，但并不代表它不需要阳光，仅靠家居灯光是不行的哦！

到了花季，瓦苇会抽出长长的花梗。它的花很小，观赏性不强，可以将花梗剪掉以免浪费营养

闷养和群生

在种植软叶系瓦苇时，有一种有趣的养法——闷养，就是在植株上方罩一个透明的杯子，造成局部湿度升高，这样，植物就会长得又肥又壮，"窗"也会变得更透明。不过，如果一罩好几个月，植物就会变成"温室里的花朵"，抵抗力下降，而在炎热的夏天闷养，会把瓦苇闷死。所以请选择冬、春两季来闷养，而且只有植株状态不好时才需要闷养，健康的个体是不用闷养的。

种植多年后，瓦苇会长成壮观的群生状态。当群生过大时，叶片会变得干瘪，这时最好把它们分成小株单种，它们就会恢复活力。

闷养可以让植株状态迅速改善

永恒之莲

长生草培育法

在近年爆红的多肉植物家族中，有一类在国内常年处于廉价、被忽视的草根阶层，给人摆不上台面的印象。

但现在，越来越多的多肉爱好者认识到它的魅力，它的形象也越发高端、大气、上档次了，它就是长生草。想知道它华丽转身的秘诀吗？

"长生"之草

长生草在分类学上属于景天科长生草属，原本生活在欧洲中南部的高山上。那里到处都是贫瘠的碎石，所以长生草的叶片变得肥厚多汁，以便储存宝贵的水和营养。山上寒风凛冽，所以整个植株紧缩成莲花状，避免被风吹断、吹干。欧洲人见到这花朵一样的植物在山上傲然"盛开"，连冬天也不凋落，而且每年越长越多，于是认为它可以永生。长生草属的拉丁文名*"Sempervivum"*就是由"semper"（永远）和"vivus"（生存）两个词组成的。

欧洲老明星，中国小新贵

百年前，一些欧洲人就已经利用长生草来美化环境了，方法特别简单粗暴：将长生草从石缝里拔下来，扔到屋顶上，顽强的它就能在瓦片间扎根，然后逐渐繁殖，造出一片屋顶花园。除了美观，它还有个"迷信"的作用：欧洲人认为屋顶有长生草，就能防雷劈。后来，园艺家也关注到这种神奇的植物，通过近百年的杂交培育，目前已有400余种园艺品种。除了蓝色，彩虹中的每种颜色都能在长生草不同的品种中见到，实在是异彩纷呈！

中国虽然早就引进了长生草，但仅限于极少的几个品种。加之商家把它宣传为"电脑旁的植物"，民众都把它放在缺少光照的桌上，像一般植物一样浇水用土，以致植株状

各种长生草品种

态极差，极易死亡，所以大家一直对它兴趣不大。直到近几年，越来越多的多肉玩家远赴欧洲考察，上传了一张张在国外花园中的长生草美图，国内爱好者纷纷"中毒"，才使得各种新鲜的长生草园艺品种传入国内。大家终于意识到，长生草原来可以这么美丽！

两兄弟的区别

在长生草家族中，有一类成员略有不同。它原本属于长生草属，但现在科学家又把它单列为神须草属。它与长生草长得十分相近，但最明显的区别是：神须草的花瓣是6枚，偶尔7枚，而长生草则是8~18枚；神须草的花是黄白色、钟形的，而长生草的花是粉色、星形的。如果没开花，它们的区分方法是：长生草会长出侧芽来繁殖，而神须草则是通过叶心分裂繁殖，即使有些种类也长侧芽，但侧芽都是球形，比长生草的幼株要萌得多。其实这都不是完全科学的方法，它们内在的区别在于二者的染色体基数。

如何养好长生草

土要透气：在野外，长生草生长在石缝里，因为它的根喜欢透气，所以最好用泥炭、椰土、珍珠岩与蜂窝煤烧剩的碎渣等充分混合制成土，这样的土透气、透水。南方潮湿，所以大颗粒的比例要多一点，北方则小颗粒多一点。

又喜晒又喜凉：长生草的家乡没有大树遮阳，只有全天的太阳曝晒，但同时又有寒风阵阵。家庭栽培时，最符合这两个条件的就是春季、秋季和冬季。在这三个季节，最好把花盆放在窗外，能晒多久就晒多久。我的长生草每天能晒12个小时的太阳。在这样的环境下，长生草会呈现出最美的颜色。

度夏和越冬：夏季高温、高湿，对长生草是个考验。这时要避免它接触直射阳光，但又不能太暗，而是需要明亮的散射光。打个比方，阳光晒进屋里，地上投下了窗框的阴影，阴影里的光强就是"明亮的散射光"。另外夏天要少浇水，因为空气湿润，土壤内很热，水多了会把植物闷死。但

长生草能耐受极低的温度，健壮的植株即使结了霜也不会被冻死

　　长生草的叶片在多肉植物中算是比较薄的，长时间缺水也受不了，可在凉爽的夜间稍微浇点水。如果你的长生草是超级大群生，又住在特别潮湿的地区，那么最好忍痛分株，因为都挤在一起的话会不透风，容易腐烂。

　　长生草能耐受零下20℃左右的低温，因此能在全国大部分地区安全过冬。但要在入冬前先放在室外一段时间，让它能逐步适应降温。如果突然从温暖的室内移至室外，植株会被冻死。南方若冬季多雨，还要注意避雨。

　　与虫斗争：长生草比其他多肉植物更容易染上根粉蚧（一种吸食根部汁液的白色小虫）。如果中招了，可以用蚧必治、速扑杀或呋喃丹等药物灌根。但这几种药都属于高毒性农药，建议不用为好。最安全的做法是将整盆土倒掉，清洗根部后种入新土。

种子繁殖与侧芽繁殖：若想长生草开花结实，就需要冻一冻它。根据我的经验，若过冬时温度降到零下20℃以下，第二年春天的开花概率就会大大增加。这是长生草应对恶劣环境的一种策略，它们感到自己要被冻死，就会赶快开花结果，结出大量种子，在死前留下后代。园艺师通常在此时让昆虫在各品种的花朵之间传粉，这样就可以随机产生新的杂交品种。至当年秋末，待种荚干枯而又未裂时便可采种。白天气温20℃以上就可播种了。

一个植株一生只开一次花，开完花就死，所以如果没有大量的植株做后备军，不要贸然用种子繁殖法。最可靠的是等它长出侧芽。时间长了，新老长生草便会盖满盆面，达到"爆盆"（花开满盆）效果。这时就可以把侧芽摘下来，种到别的盆里，假以时日就会成为一盆新的长生草大餐啦！

造景：长生草适合群植在一起，欣赏"百花齐放"的壮观美。慢慢地，它的侧芽会溢出花盆，形成长生草"瀑布"。也有人把它种在墙缝里、砖块间，更有原生的味道。开动脑筋，让"永恒之莲"开遍你家吧！

播种土用泥炭、珍珠岩、蛭石以1∶1∶1的比例混合，充分吸水后，将种子均匀撒播，无须覆土，通常2～3日后便可萌发

萌发的嫩芽

古早味的屋顶精灵

瓦松培育法

一年又一年，老房子的屋顶上，一种中国多肉
在顽强地生长着。

其实它比大部分多肉都要好养，微型花园中，
应该有一处它的位置。

中国好多肉

现在多肉植物很流行，市面上的多肉种类大部分都产于国外。所以大家养的时候，就会发现一个大问题，这些多肉不适应中国的环境，不是夏天被闷死，就是冬天被冻死。网上的各种养护攻略也是千叮咛万嘱咐——夏天要拉遮阳网、少浇水；冬天低于5℃要拿进室内……说好的"懒人植物"呢？

所谓"懒人植物"是针对地区来说的。比如长生草，原产于欧洲中南部，所以它在夏季凉爽的欧洲就是名副其实的懒人植物，哪怕是在石缝里都会长成一大团。但到了中国，闷热的夏天它就受不了了，只有在云南这样的高原地区它才可无压力生长。

按这个思路，我们种一些原产自我们身边的多肉不就好了吗？中国的多肉种类不算多，但从南到北，还真有一类原生多肉值得注意，它就是瓦松。

两岁一枯荣

瓦松是景天科瓦松属的植物，它经常长在瓦片之间的缝隙里。中国各地的老房子屋顶上，常常长满了瓦松。瓦松的叶片肉质而细长，像松针，古人心说："这玩意儿看着像瓦上的肉质小松树，就叫它'瓦松'吧。"

常见的瓦松种类都是两年生的，就是说它只有两年的寿

北京老房子瓦片上的瓦松

钝叶瓦松在山里非常常见，叶片比一般瓦松更宽

命。每年的样子都不一样：第一年只有叶子，株形紧凑，冬天变成休眠态，叶子变短，像个松果；第二年苏醒后，开始长高成圣诞树状，然后浑身开出无数小花，结出果实后，因耗尽全部营养而死去。

养好自家瓦上松

在中国，瓦松相比其他进口多肉最大的优点就是皮实。夏天完全不用遮阴，冬天踏实放在室外，除了偶尔浇浇水，可以当它不存在。

钝叶瓦松的休眠叶

最好选择你家附近的瓦松，比如你在北京市，就用北京郊区平原地区的瓦松，这样的个体最适应你家环境；如果选择了南方的瓦松或者北京高海拔山区的瓦松，可能就不太适应你家了。

瓦松最好是从老房子的砖缝、屋瓦上采集（前提是征得屋主同意），在郊区农家乐吃饭时就能把这事儿干了。记得不要采圣诞树状的瓦松，那是即将开花死亡的，而要采株形紧凑的一龄瓦松，或者松果状的休眠瓦松。

瓦松是一团一团地长着的，但切记，采一两小丛（一小丛里包含好几株）就够了，要有保护野生资源的意识。

度过第一个冬天

春天，我在北京的山里采了一丛瓦松小苗开始养。想想它在房顶的状态，几乎没什么土，所以我选用了小盆。土和其他多肉用土一样，疏松透气就行。园土、泥炭土、珍珠岩、煤渣随便混一混就行，没那么多讲究。

野生瓦松的根部常带有介壳虫，种之前最好用水洗洗根。种进盆后，浇透水，放在明亮但不曝晒的地方，等看到有生长迹象时，就把它放在家里最晒的位置。

我是放在南面的室外阳台上，从日出晒到日落，盛夏也是纯曝晒。给别的花浇水时，顺带手浇浇它。

深秋，你会发现它的叶心长出了一团"松果"，这就是休眠叶。到了冬天，休眠叶越来越大，当变成抱紧的莲花状

深秋，瓦松会长出细密的休眠叶，随后，周围那些长长的叶片都会枯掉

像这样把5棵钝叶瓦松挤在巴掌大的小盆里，也是没问题的，
它们在野外就是这个状态

时，意味着它正式进入休眠。不要管它，留它在室外，就算零下20℃也不用拿进屋，不要浇水，它冻不死也干不死。

生命换来的花季

　　第二年春天，休眠叶会明显变大，这时就可以慢慢给水了，然后继续曝晒，它会越长越高，最后在秋天开花。方寸小盆里，几棵迷你但繁盛的"花树"非常有趣，还能引来蝴蝶呢！结出果实后，瓦松就会死亡，但它们在基部生出了几个侧芽，这些芽又将生存两年，子子孙孙传递下去。

花团锦簇的样子，是以生命为代价换来的

食為天 食中地

第二章

坠入甜蜜的陷阱

紫瓶子草培育法

食虫植物是植物界的一枝奇葩，它们身为"素的"，却吃"荤的"。它们所演变出的奇特外形，深受人们喜爱。但大多数食虫植物对环境要求高，家庭栽培有难度。

不过别怕，还好有瓶子草，它们属于"懒人植物"，好养又好看。这次介绍的紫瓶子草，又是瓶子草里最好养的。

猪笼草？瓶子草！

看到瓶子草后，很多人可能会脱口而出："猪笼草！"其实，瓶子草属于杜鹃花目，猪笼草属于石竹目，二者相差很远。

不过，瓶子草的捕虫方式和猪笼草一样，都是"陷落型"。瓶子草的叶片是瓶状的，"瓶口"会分泌蜜滴（据我品尝，甜而微苦）来引诱昆虫，上面还有一个"盖子"。不要以为虫子掉进去后盖子就会盖上，其实它是不能动的，它只能遮挡杂物或者雨水进入"瓶"内。

自带雨水井，倒刺困飞虫

紫瓶子草的盖子是敞开的，没法挡雨，这是为什么呢？原因就在于紫瓶子草独特的体形。大部分瓶子草又高又细，"瓶"内有少量消化液，虫子掉进去就会被消化掉。如果头重脚轻的"瓶子"灌满雨水，"瓶子"就会倾倒，即使不倒，消化液也会被冲淡，所以它们需要盖子挡雨。而紫瓶子草是瓶子草中最矮的，"瓶"里即使灌满水也不会倾倒，所以它们就干脆把盖子敞开，让"瓶子"接满雨水，变成水陷阱。至于消化液，它也几乎不分泌，捉到的虫子少，就慢慢吸收掉；捉到的虫子多，就任由它们在"瓶"中腐烂，等到"瓶子"枯萎后，沤好的肥料正好流出来滋养根部。

紫瓶子草用"瓶子"接满雨水，制造出水陷阱诱杀昆虫

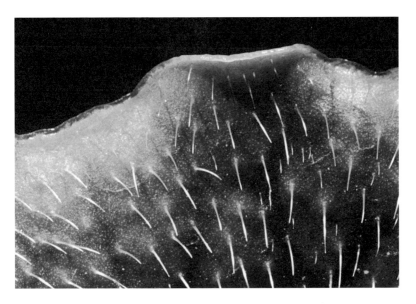

紫瓶子草的"瓶盖"布满了倒刺，能阻止昆虫爬出

但紫瓶子草的盖子也不是没有用途的，它上面覆盖着浓密的刺毛，每根毛都指向"瓶子"内部。当虫子掉入"雨水井"后，这些倒刺能阻止虫子爬出去。

耐干耐湿，扛晒抗冻

紫瓶子草是瓶子草中分布最广的，从寒冷的加拿大到温暖的墨西哥湾都可以看到它的身影。它可以忍耐40℃的高温和零下10℃的低温，而北方的亚种耐低温性更强，可以忍受零下25℃的严寒。食虫植物大多需要较高的空气湿度，但紫瓶子草仅需30%的湿度就够了，所以很适合在家中养护。

从温暖湿润的沼泽到寒冷干燥的荒滩，紫瓶子草都可以愉快地生长

瓶子草的其他种类大多很高，容易倒伏，所以"瓶盖"都稍稍盖住"瓶口"，
以免灌进太多雨水

栽培瓶子草最好用素烧陶盆，它透水、透气，能在炎夏时使瓶子草的根部保持凉爽。栽培的介质千万不要用肥沃的土壤，要知道，瓶子草正是因为生长在没有肥力的泥炭湿地和砾石荒滩，才会被迫用捕虫来补充营养。所以要么用纯水苔（干燥的泥炭藓），要么用泥炭与珍珠岩的混合物（比例1∶1），它们都没有肥力。如果土壤肥力高，反而会把根"烧死"。此外，还可以准备一些鲜苔藓，作为铺面之用。

在野外，紫瓶子草生长在水苔上，底层的水苔腐烂后会化作泥炭。这次我是用泥炭混合珍珠岩来种植，不过盆栽时水苔和泥炭的上下顺序要颠倒一下，先用吸过水的干水苔铺满盆底，这样可以防止泥炭从底孔漏出去。

底层铺上吸进水的干水苔，
防止泥炭从底孔漏出去

3 把混合了珍珠岩的泥炭铺到花盆一半的高度，放进植物，再继续填满，压实。泥炭要事先吸饱水，否则种好后会很难吸水的。

加入1:1混合的
珍珠岩和泥炭

加铺鲜苔藓"护盆"

4 在盆面上铺上鲜苔藓，并压紧。有了鲜苔藓"护盆"，浇水时就不会把土冲到外面了。找不到鲜苔藓也不要紧，养护得当的话，土面上会自己长出浓密的苔藓。最后，把花盆放进盛水的盘子或碗中就大功告成了。

第二章 食虫湿地

1. 光照：如果晒，请多晒

　　紫瓶子草喜欢阳光，只要气温在30℃以下都可以接受阳光直射。在春秋季节，日晒加上大的昼夜温差，可以使瓶子草变成绚丽的紫色。如果温度太高，则需要把它移到明亮的散射光处。

2. 浇水：勤懒随意，软水最佳

　　有的人属于"浇水爱好者"，总喜欢给花浇水，直至浇死，这种人就适合养紫瓶子草。因为紫瓶子草是湿地植物，非常喜水，一天浇几次都行。有的人是"不浇水爱好者"，那么他也适合养紫瓶子草，不过要改用"腰水法"，就是在盆下垫个水盘，在盘中盛满水，水位不超过土面就行，然后就不用管了，直到盘子里水干了，再重新加满即可。

　　瓶子草喜欢"软水"（不含或少含可溶性钙、镁化合物的水，与"硬水"相对）。如果你家自来水的水质较软，可以直接用自来水；如果水质硬，就用纯净水或雨水吧。

3. 休眠：低温之后，长势更旺

　　紫瓶子草冬季的休眠非常重要，当从冬眠中苏醒时，植株会长得更为茂盛。温度最好保持在0℃以上，少浇水，让土略潮即可。南方温暖地区，冬天需要将植株挖起来，在冰箱里放三个月，到春天再拿出来重新种上。

在夏天，紫瓶子草会长出细长的叶片，这是正常现象，不用担心

家中的瓶子草，抓到最多的就是这种蕈蚊，它俗名"小黑飞"，不会吸血，常在花盆土壤上飞来飞去，惹人厌烦

捕虫随缘，不能灭蚊

浇水时把捕虫瓶里注满水，过几天就可以看到里面漂着小虫的尸体了。但紫瓶子草的捕虫效率很低，能抓到多少全凭运气，一般只能抓到一些小飞虫、蚂蚁等。但有时周围昆虫太多，"瓶子"会因捕虫过量而枯萎。这时为了"保瓶"，在虫子把"瓶子"塞满之前，最好用棉花堵住"瓶口"。此外，不要指望靠它除掉吸血的蚊子，因为它的构造根本引诱不了吸血的雌蚊，顶多抓到几只不吸血的倒霉雄蚊。

水晶陷阱

捕虫堇培育法

食虫植物的长相一般都比较怪异，不是所有人都能接受。

但今天介绍的捕虫堇却是老少通杀——蠢萌的叶片、美丽的花朵，加上捕虫的技能，好看又好玩。爱上食虫植物，就从捕虫堇开始吧！

像多肉一样萌的食虫植物

在网上买多肉植物，有时会碰到这样的事：有些店家会放出一张超级萌的"多肉"照片——莲座状的株形与一般的景天科多肉一样，但叶片是半透明的，晶莹闪亮，还特别迷你。但下单收到货后一看，却只是普通的多肉，和图片完全不符。

原来这是无良店家的伎俩，用一种类似多肉的植物照片骗你的钱。能让人一眼就"中毒"、心甘情愿掏钱的到底是什么植物呢？其实它是一类食虫植物——捕虫堇。

叶片缀满水晶珠

捕虫堇属于狸藻科捕虫堇属。叶片层叠生长，就像一朵莲花，和景天科多肉植物很像。但捕虫堇有个更萌的特点——叶片晶莹剔透。它叶片上密布短腺毛，每根毛尖上分泌出一滴黏液，在阳光下闪闪发光。小虫无意中爬过，就会被黏在上面，之后慢慢被捕虫堇消化吸收。

你要是想养捕虫堇，有两点要注意。第一，它捕不到虫也不会身体虚弱，所以不要刻意喂它大个儿的虫，否则叶片容易腐烂变质。如果叶片上黏着太多虫影响美观，就用喷壶把虫冲掉。第二，捕虫堇只能抓到微型的虫子，如跳虫、蕈蚊等，靠它把屋里的吸血蚊子灭掉就别想了。

野生的捕虫堇长在石缝里或苔藓上，叶片上经常黏着一些小虫

叶片上一粒粒的黏液，是捕虫堇抓虫的工具

食虫植物界的颜值担当

捕虫堇之所以捕虫，是因为它生长的环境太贫瘠，比如石灰岩的石缝里或者树干上。欧洲、亚洲、美洲都有原生的捕虫堇，我国的四川、云南也有一种高山捕虫堇，但园艺上还是以墨西哥捕虫堇最为著名，因为它有不少株形紧凑、花朵美丽的种类。

除了叶片可爱，捕虫堇的花朵也非常漂亮，长得很像堇菜的花，这也是它名叫"捕虫堇"的原因。食虫植物大多长得怪异，可捕虫堇的萌态却能击中大部分人的心，是审美上

爱丝捕虫堇长得最像景天科多肉植物，但它的叶片不易变红

最容易被接受的食虫植物。更棒的是，它并不难养，而且天生就是做迷你盆栽的材料。来种种看吧！

选几种来入门

捕虫堇品种太多了，从哪种入手呢？要说最好养的，一定是樱叶捕虫堇。它比别的种类更耐湿耐热，容易挺过对食虫植物来说难熬的夏天。它会开出樱花一样的小花，不过叶片形状略显平庸。

至于最萌最好看的，是各种墨西哥捕虫堇。它们更喜干燥，适合北方气候。爱丝捕虫堇、爱兰捕虫堇能长成完美的莲花状，非常值得入手；弗洛里捕虫堇在温差大时会变成粉红色，养了绝不会后悔；至于威悉捕虫堇、苹果捕虫堇这样的，叶片比较大，就像舌头一样，是另一种萌态。捕虫堇都很迷你，不妨这几种都买来养养，反正也占不了多大地方。

微型花盆的拯救者

捕虫堇的种植毫无技术含量，花盆里放上种植土，把根埋进土里就行了，关键是选什么花盆、用什么土。

很多人喜欢买迷你盆来种多肉，但种了才发现，多肉在超小的盆里长势并不好，所以这些盆慢慢就被闲置了。捕虫堇一来，小盆终于又派上了用场——捕虫堇根系非常浅，只有1～3厘米深，最适合群植在广口的浅盆里了。

有了盆，就要有土，土以透气为主。可以用1/3的泥炭土掺上2/3的颗粒土（珍珠岩、赤玉土、桐生砂）。如果你家湿度大，全部用颗粒土也可以。然后就把买来的捕虫堇小心地种好，喷透水，放在明亮的窗台上吧！

别闷死你的小堇

食虫植物一般都喜欢湿润，于是有人认为捕虫堇也如此，不但把盆泡在深深的水里，还罩上透明盖子以提高空气湿度，但这样做往往会把小堇闷死。其实对健壮的捕虫堇而

捕虫堇的根系很浅，适合种在小盆里

言，空气湿度低没什么关系，只要保证盆土微潮就行，如果你勤快，那就一看到土表干燥就马上浇水；如果你懒，可以在盆下放一个水盘，保持盘里常有1厘米深的水，这样可以减少浇水次数。

用太阳还是用灯？

捕虫堇喜欢阳光，在春、秋、冬季，要尽量多晒太阳。夏天阳光太毒，就要进行部分遮阳，但也不能完全不晒太阳，最好放在东向窗台，让它接受中午之前的阳光，并在晚上充分补水。

要是你掌握不好这个度，或者你家光线不好，那不妨全年都用灯来养。去水族市场买水草灯就行，例如T5HO灯管或LED（发光二极管）植物灯。两盏7瓦功率的LED灯，架在一个20厘米×15厘米×15厘米的小玻璃缸上，缸里摆满捕虫堇花盆，就是一套很好的设备了。

和多肉植物一样，春秋季节的捕虫堇，叶片颜色会从绿色变成红色、黄色等鲜艳的颜色。不论是晒阳光还是用灯养，只要光线够强，温差够大，都能成功地"发色"。

休眠，苏醒，开花

捕虫堇一年里有两种样子：温暖时，叶子是"捕虫叶"，叶缘卷起，叶片宽大，布满黏液；天气变冷，就会长出短小紧凑的"休眠叶"。虽然休眠，但气温低于0℃时也要拿进室内，要不就冻死了。当气温回升时，它又会苏醒，变回捕虫叶。

休眠或刚苏醒的时候，也是捕虫堇开花的时候。不同的种类会开出紫色、粉色、白色或黄色的花，亭亭玉立，花后还有一根纤细的"距"，和胖胖的叶片是两种风格，但放在一起却丝毫不违和，反而让人更爱不释手！

越多越好！

捕虫堇还有一点和多肉植物一样——可以通过"叶插法"进行繁殖。趁换盆时，把底部叶片小心地晃动摘下，平放在湿润的土表，不要直射阳光，不久就会长出新的小芽，而且经常会一个叶片长出两三个芽。一次叶插，你的捕虫堇规模就能增长好几倍。等小苗长大，可以和成株种在同一个盆里，大小错落搭配，就是一盆完美的掌上盆景！

爱丝捕虫堇的花季

捕虫堇的捕虫叶（左）和休眠叶（右）

肉食系
小星球

食虫植物微景观

狸藻、茅膏菜是两种迷你型的食虫植物，把它们种在一个玻璃瓶里，就是一个奇趣十足的小景观。除了能观叶、观花，还能看到它们捕捉昆虫的可爱模样，这一定会成为你窗台上最美的摆设。

一个"开脑洞"的盆栽

步入"食虫坑"后，我的窗台上多了各类食虫植物。我的养法是把习性相似的种类放在一个大盆里，盆底注入一层水，让小盆们"坐"在水里。喜湿的食虫植物适合这样来养。

其中，茅膏菜和狸藻这两类植物常被我放在一个大盆里，因为它们的光照、浇水方法完全一样。有一天我突然想，既然养法一样，那种在同一个盆里行不行？试了下，不但可以，还比分开种长得更好。

那把它俩种在一个玻璃瓶里呢？反正它们平时的根部也是半泡在水里的，跟种在瓶里没什么区别。我上网查了查，还真有很多人把狸藻养在饭盒、玻璃缸、酸奶瓶等无底孔的盆器里。那么茅膏菜行不行呢？我试着把它俩一起种在了玻璃瓶里，还真成功了！

茅膏菜：黏液"毛毡"，死亡之床

茅膏菜的叶片上长有很多腺毛，每根腺毛都会分泌一滴黏液，昆虫落在上面后就会被黏住。如果虫子挣扎，就会刺激旁边更多的腺毛向它倒去，很快它就会动弹不得，在这张"黏液床"上死去。

其实，这看似稀奇的植物，在中国南方就有，甚至在华南一些城市的草坪上就能看到。茅膏菜扎根在湿润的土壤

这株野生的茅膏菜，生长在河岸的沙地上

小蓝兔狸藻的"身体"比较平，两侧的转角近似直角，"耳朵"较短

里，叶片暴露在强烈的阳光下，常被晒得浑身红扑扑的。

　　茅膏菜有很多种，外国的种类大多比较娇气，我们最好选择中国原产的种类。网上能买到的茅膏菜有两种：匙叶茅膏菜（园艺界叫"勺叶茅膏菜"）和锦地罗。锦地罗娇小短胖，非常可爱，是造景首选，但网上经常缺货。所以我们这次选择的是匙叶茅膏菜，它比锦地罗要大一圈。新手不要买种子，因为不能保证发芽率，最好直接买成株。

狸藻：一触即发，尽收囊中

　　狸藻不是藻类，而是一类迷你小植物的统称，它们的茎上有很多捕虫囊，小虫若触碰到囊口的纤毛，囊盖就会突然打开，把虫子瞬间吸进去。

狸藻大体可以分为三类。

水生狸藻：完全泡在水里，就像水草一样，但花朵会伸出水面，如中国最常见的黄花狸藻。养护时，直接把它扔进水缸晒太阳即可。

附生狸藻：附着在有流水的山壁或雨林的树干上，开出的花特别大。要像养洋兰一样来养，种植成功率较低。

陆生狸藻：说是陆生，其实需要在极为湿润的沼泽地生长，叶子暴露在空气中，匍匐茎埋在湿土里。它是狸藻家族的主流，也是人们最爱栽培的品种。最受欢迎的要数南非的"小白兔狸藻"和"小蓝兔狸藻"，它们的花就像兔子一样——有"耳朵"，有"尾巴"，还有一个微小的"嘴"。这两种狸藻在网上经常被混淆，比如你买的是小白兔，收到的可能是小蓝兔。不过没关系，我们造景用的狸藻，就从它俩之中随便挑一种就行了。

1 选一个比较大的圆形玻璃瓶，在瓶底铺上厚厚的一层赤玉土。茅膏菜和狸藻都喜欢湿润的土，所以这个造景是不怕积水的。铺上大颗粒材料，会使根部略微透气，植物会感觉舒服些。若无合适的材料，也可以省去这步。

2 铺上种植土。土的配方是泥炭土和珍珠岩，比例为1：1，铺一半后，放上装饰用的石头（石质为中性，不能是碱性的），再铺土。这样石头的下半部会被埋住，看起来很自然。把"地形"整成前低后高或四周低中间高的样子，这不但美观，对植物也有好处。原因请看下一步。

赤玉土

注意石头的石质为中性

栽种植物。狸藻根系浅，喜阴，所以种在"地形"低洼处；茅膏菜根系比较发达，喜阳，所以种在高处。注意，狸藻像是一片草皮，种植时只需把大片的狸藻撕成小片，轻轻按在土面即可，上面不用覆土。全都种完后，用喷壶喷水，直到土面微微积水，这样能让植物喝饱。

放在明亮的散射光处，其间土要一直保持湿润。一段时间后，狸藻的叶片就立了起来，匍匐茎开始向四周扩张，茅膏菜也开始翻出新叶。这时就把玻璃瓶移到东向窗台，接受温和阳光的照射吧！

第二章 食虫湿地

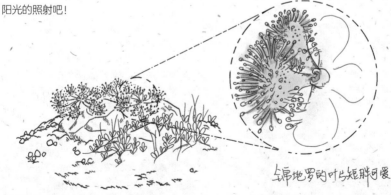

锦地罗的叶片矮胖可爱

养护秘诀

食虫植物瓶，最重要的就是水。由于浇的水无法排出，水中的矿物盐会逐渐积累在土里，而食虫植物是最怕矿物盐的，所以不能用白开水、自来水及矿泉水，而要用软水机处理过的水或者纯净水。要让土表时刻保持"湿得能捏出水"的状态，每次可多浇些水，低洼处的狸藻叶片暂时泡在水里也没事。可以在瓶口盖上盖子，留一个大缝，减缓水分蒸发。另外，永远不要施肥！

四季的养护要点：夏季时太阳毒辣，要放在阴凉处；秋季时阳光温和，可以开始让瓶子晒太阳，植物会加速生长；冬季时阳光处于一年中最弱期，更要放在南向窗台上使劲晒太阳，有暖气的家庭，要把瓶子贴着窗玻璃，这样在夜间时瓶里的温度会降低，经过冬天的低温期，春天才会大量开花；春季时植物会展现最美的状态，狸藻纷纷开出一片"兔子花海"，茅膏菜则从绿色转变成诱人的红色，并伸出卷曲的花梗，绽放出粉色的小花。

半年或一年后，如果看到石头上、叶片上开始冒出"碱花"，那就说明环境已经不适合植物生长了，应该把植物取出，换新土，再重新种进去。

狸藻已经爬满茅膏菜之间的空隙

看，捉到一只！

　　既然是食虫植物瓶，那观察它们的捕虫行为自然是最有乐趣的了。把瓶盖打开，小虫就会自己飞进去，不一会儿就可以看到茅膏菜卷起叶子抓虫的样子。隔着玻璃，还能看到狸藻在地下的捕虫囊，它会吸进一些水蚤、草履虫等微型动物。能不能发现，就要看你的眼力了。如果没有虫子，也不用担心，植物不会因此饿死的。注意，靠这个瓶子灭蚊是不靠谱的哦！

玻璃瓶里的茅膏菜抓到了一只蕈蚊，叶片一卷曲，虫子便无法逃脱了

第二章　食虫湿地

嘴大吃八方

捕蝇草培育法

说起食虫植物，你脑海中也许会本能地出现一株张开大嘴的植物形象，它就是捕蝇草，诡异的"大嘴"可以在瞬间抓住昆虫，看到此景之人，无不为之惊叹。

捕蝇草也因此成为食虫植物的招牌角色。今天我们就来教教你，如何在家中种植这种神奇的植物。

互动性最好的食虫植物

"这是食虫植物吗？快让它吃虫子看看！"如果你养了食虫植物，相信每个来围观的人都会这样说。但大部分食虫植物都会让他们失望：猪笼草布下液体陷阱使得虫子被淹死，相当于一个水杯，一群人"欣赏"一只虫子被淹死的过程其实挺无聊的；茅膏菜、捕虫堇利用黏液黏虫子，虫子要很长时间以后才会死去，这个过程也不刺激，而且你得先抓只虫子才能给别人表演，太麻烦。

唯独捕蝇草最容易让人满足。它有大嘴一样的夹子，虫子一碰夹子就会立刻闭合，过程干净利落，就算没有虫子，用小棍扒拉一下它也会让夹子合上。亲朋好友们见状都会惊呼"好厉害"，然后满意地离去，此刻的你肯定倍儿有面子。

所以，种一盆捕蝇草吧。

美国原住民，吃肉属被迫

不少人会想当然地认为，捕蝇草一定生长在原始雨林里，但这都是探险电影中"食人花"造成的误解。其实，捕蝇草是地道的"美国公民"，它只分布于今天美国东南部——北卡罗来纳州和南卡罗来纳州的沿海湿地。

如果踏入这片领地，你可能会大失所望——这里并不是什么深谷密林，只是一片平淡无奇的平原，地上有些杂草，

捕蝇草的原生地是一片泥炭藓沼泽

稀稀落落地"站"着几棵松树。但拨开杂草，你会发现这是食虫植物的"大本营"——瓶子草、捕蝇草、茅膏菜和捕虫堇等，各自摆出了自己的"独门暗器"，等待虫儿上钩。原来，这里的土壤特别贫瘠，其他植物很难生长，而捕蝇草们在这种艰苦情况下被迫进化出了捕虫技能，用来补充养分。

这里冬季的气温徘徊在0℃左右，很少下雪；夏季则高温潮湿，白天最高气温一般在30℃。在中国，气候与之最相像的就要算长江中下游地区了，这里的朋友养捕蝇草可谓得天独厚。

每个捕虫夹的内侧都有几根细刺，这是让夹子闭合的触发器

一触即合，越动越紧

捕蝇草可以靠一张"大嘴"瞬间咬住虫子，身为植物，为何有如此敏捷的动作？

秘密就在于它的武器——捕虫夹。捕蝇草所有叶片都特化成了捕虫夹，已经没有正常的叶片存留了。夹子内侧分泌蜜汁，每一瓣的中心区域长着3～4根细刺。当昆虫被蜜汁吸引来走进夹子时，若在几秒之内连续碰触到两根细刺，捕虫夹就会被激活。夹子外侧的细胞在不到1秒的时间内会迅速拉长，使夹子迅速闭合，边缘的"牙齿"咬合在一起，将猎物封锁在这个牢笼中。

但此时夹子还不会合紧。根据达尔文的猜测，这是捕蝇草给微小昆虫的逃生机会，以避免浪费能量后，却只得到回报太小（不够吃）的食物。如果猎物够大，它的挣扎会不停地刺激细刺，夹子也会越闭越紧。之后，捕蝇草分泌出消化液，吸收猎物的养分。几天后，夹子再次打开，只留下虫子干瘪的残骸。

为什么连续碰到两根细刺才会使夹子合拢？原来，每一次开合夹子都很耗元气，夹子开合多了就会枯萎。为了避免雨滴、落叶等因素造成无意义的开合，捕蝇草就进化出了这样的妙计——能在短时间内连碰两根细刺的，一般都是活物。如果风雨太大，夹子也会闭合，但不会锁紧，一天后就能再次打开，这样就不耽误捕虫了。

捕蝇草一般是网购的，如果收到的是裸根的植株，要尽快将它种好。先将整棵植物泡在纯净水中，这样我们在忙其他步骤时，根尖就不会干透了。然后准备种植土。种在室外，可用1：1比例的泥炭加珍珠岩；种在室内，用水苔会比较好。种植土都要喷好水，充分湿润。

水苔

室内种植较好的种植土选择

泥炭
+
珍珠岩

室外种植的土壤选择

10厘米〈即可〉

15厘米〈以上〉

室内种植的花盆高度

室外种植的花盆高度

植金石〈铺底〉

室外种植应该用大花盆（直径和高度都要在15厘米以上），室内种植的花盆高度只需10厘米即可。先在盆底铺上一层大颗粒的材料，我用的是植金石，如果没有，可以用珍珠岩代替。

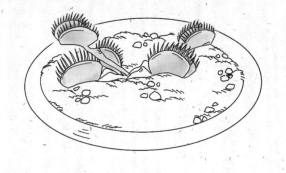

将混合好的种植土装入花盆中，在中间挖个洞，把捕蝇草的根和白色的鳞茎埋入其中。用手指轻轻按住捕蝇草，把周围的土挤向捕蝇草根部，确保土和根紧密接触。

捕蝇草开的花

在花盆下垫个托盘，拿喷雾器对着植株轻柔喷水，喷到底孔有水流出就行，放在柔和阳光处静待植株生长吧。

1. 水：纯净为上，不可干透

浇水时一定要用纯净水、蒸馏水、雨水或空调冷凝水，不要用自来水和矿泉水，因为它们含有许多可溶性的无机盐，浇水后会凝结成"碱花"，使根呼吸困难，逐渐死去。这是捕蝇草比别的植物娇气的地方，一定要注意。

在生长季节（4～11月）需要保证盆土不干透。如果没时间打理，可用"腰水法"，即在盆底垫个托盘，保持托盘中一直有1厘米左右深的纯净水，若水干了就及时添加，这样会减少浇水次数。但你若是勤快，最好还是多浇水，少用腰水，因为腰水会使土中盐分逐渐积累，而浇水会冲走这些盐分，使根生长良好。

2. 光照：脚需阴凉，头需阳光

捕蝇草非常需要阳光，生长季节需要14个小时以上的日照，其中需要照射4个小时以上的直射光，其余时间为散射光。光照不足会虚弱而死，任你喂多少虫子都无济于事。

光照一强，花盆就会被晒热，但根部却是喜欢凉爽的，怎么办呢？可以用大花盆（直径和高度都在15厘米以上）种植，盆外再套个盆，或用其他东西遮挡盆壁来解决。这样，外层晒热了，内层却依然凉爽。如遇到持续30℃以上的高温，可把植物移到高大植物的树荫处，让它接受斑驳阳光。

3. 抓虫：活虫自己抓，死虫要"按摩"

捕蝇草的根受不了任何肥料，它全凭抓到的猎物给自己"加餐"。如果你家植物较多，自有很多小飞虫能喂饱它。如果家里实在没有小虫，每个月可以人工喂一次活虫。若找不到活虫，就用镊子捏着刚死的虫（比如你刚拍死的蚊子）触碰捕蝇草夹子上的感觉刺。由于死虫不会挣扎刺激夹子闭紧，需要人手对夹子做"按摩"——轻捏夹子外侧，直到它紧紧闭合。

4. 冬眠：闭关修炼不可少

冬季是植物休养的阶段，休眠得好，开春会长得很壮。冬眠主要由日照变短触发（而非温度），低温可确保其维持冬眠状态。进入秋天，你能直观看到捕蝇草休眠的迹象——夏天的直立叶开始枯萎，新叶变成贴地状态，夹子变小，叶柄粗大。捕蝇草在5～15℃时冬眠最好。冬眠时的应对办法，根据地域不同可以分三种情况。

长江中下游和云贵高原地区，可以放在室外养护，比平时少浇点水就好，捕蝇草可忍受短时间0℃以下的低温。但倘若连续一周温度都在0℃以下，则需要将捕蝇草转移到室内窗台。这些地区没有暖气，室内温度正适合休眠。

北方地区刚一入冬，就要把捕蝇草放在无暖气的封闭阳台，如果家里到处都有暖气，只好将捕蝇草移到室内最冷的一块玻璃窗下，紧贴窗户来维持相对较低的温度。如果家中光照好，南窗的温度中午时会接近30℃，在这种情况下，朝东或者朝北的窗台会让捕蝇草感觉更舒适一些。

华南地区冬季日照充足，气温也偏高，可以在冬至前1个月，将捕蝇草放到北阳台或者类似的区域，如光照依旧充足但强度较弱，气温略低但通风依旧良好的地方，促使其冬眠。

珠根花园

第三章

阳台的大色块焦点

百合盆栽培育法

在我们的生活中，百合要么出现在餐桌上，要么出现在花束中。

其实，自家花盆里就能种出各色的百合，方法对的话，还能年年开放、越开越多。

百瓣合一，是为百合

如果光看百合的花，你怎么也想不明白它为啥叫"百合"，可要是把它的地下鳞茎挖出来，你就会觉得，这名字还真形象：这鳞茎就像个蒜头，一瓣瓣的"鳞片"紧紧抱合在一起，这就是百合的含义了。

这名字也代表了中国人对它的认识：我们一般是拿它作为食物和药材使用的，所以只关注它能吃的鳞茎。其实，百合的花更加精彩。百合花又大又鲜艳，非常适合观赏，而且最重要的是，百合十分强健，适合中国的环境。挑准种类，把鳞茎埋进地里，仅靠雨水和阳光，就能年年开花给你看。比如菜市场卖的食用百合，将其整个鳞茎埋进地里就能开出美丽的大花。

你家适合哪种百合

如果你打算种百合，首先要保证家里有不错的光照条件，窗户朝北或完全在室内的就不要考虑了。下一步就是要选好种类。观赏百合分为几个大类（分别用不同的字母表示），习性也各有不同，但总有一款适合你家的环境。

东方百合（O）：也就是鲜花花束里最常见的"香水百合"，又好看又香气扑鼻，适合长江以南地区，但比较难种，需要很长时间才能开花，通常长势一年比一年差。推荐品种：八点后、索邦。

铁炮百合的花朵就像白色的炮筒，不过是炸开膛的

铁炮百合（L）：一般只开白色花，花形就像大炮的炮口，需要较多的阳光，耐寒性一般。在中国中部和南部都极为好养，路边绿化带里也可自行生长，每年开香香的花，还能越繁殖越多。推荐品种：白天堂。

喇叭百合（T）：株形高大，花也大，生性强壮。适合家里有院子的人栽种。

亚洲百合（A）：非常耐寒，在北京可露天过冬。植株迷你，适合盆栽；开花早（在春天，甚至有些芽直接带着花苞破土），花量大，花色非常丰富；对阳光非常贪婪；花朵没有香味。推荐品种：小蜜蜂、小鬼、小亲密（带"小"字的都是迷你品种）、ladylike（淑女）、棒棒糖。

LA百合：铁炮百合和亚洲百合的杂交，继承了亚洲百合的优点，有香味，花量大，需要长时间阳光照射，市场上种类不多。

OT百合：东方百合和喇叭百合的杂交，既有东方百合的香味和花大的特性，又有喇叭百合的耐热性，比东方百合耐寒。推荐品种：耶罗琳（黄色风暴）、木门。

LO百合：铁炮百合和东方百合的杂交，花瓣大而卷曲，有香味儿，每年都能开出很多花。推荐品种：特里昂菲特。

由于我住在北方，又是楼房，所以必须选择耐寒又适合盆栽的百合。亚洲百合自然是首选了，现在就来动手种吧！

东方百合是鲜花店最常见的切花

亚洲百合适合北方露天种植

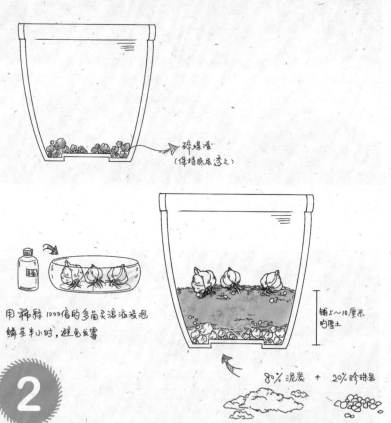

1 先挑一个尽可能高的盆。鳞茎埋得越深，第二年就越容易开出更多的花。就算是迷你品种的亚洲百合，至少也得选15厘米高的盆。在盆底铺一层碎煤渣，因为它是最好的底层透气材料，没有的话，铺些瓦片、碎砖头也行。

碎煤渣
（保持底层透气）

用稀释1000倍的多菌灵溶液浸泡鳞茎半个小时，避免发霉

铺5~10厘米的厚土

80% 泥炭 + 20% 珍珠岩

2 在早春时购买百合鳞茎，并立即种下。种之前，先用"多菌灵"溶液浸泡鳞茎半个小时，避免发霉。土壤用80%的泥炭和20%的珍珠岩混入一些肥料即可。在盆底铺一层5~10厘米厚的土，放上鳞茎。芽要略指向盆壁，这样发出的芽就不会挤在一起。

3 继续铺土，直到把盆装满。鳞茎上至少要有10厘米厚的土层，越厚越好。因为百合的根分为两种：鳞茎底部的是"下盘根"，用来吸收水分；鳞茎顶部的是"上盘根"，数量极多，吸收养分主要靠上盘根，所以鳞茎以上的土越厚，上盘根长得越好，百合就越壮实。

再铺至少10厘米厚的土

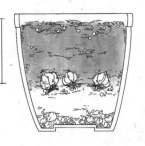

上盘根

下盘根

置于阳光明媚处

4 浇透水，放在阳光明媚处，保持土壤略微潮湿，然后就等着吧。7～15天后，百合就冒出来了。刚出土的叶片层层叠叠，有一种喷薄而出的生机！

5 花苞出现后，一定要晒够阳光，亚洲百合如果光照不足，花苞是会萎缩的。花开时，你会感觉一切的等待都是值得的。图中这个品种叫"棒棒糖"，很漂亮吧！

"棒棒糖"

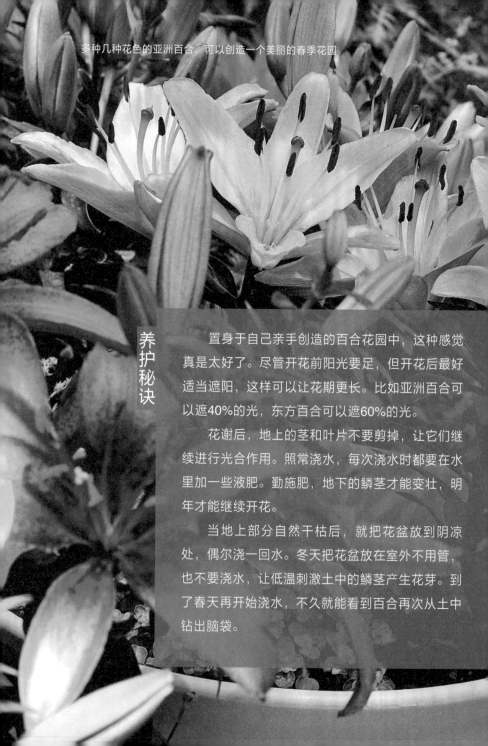

多种几种花色的亚洲百合，可以创造一个美丽的春季花园

养护秘诀

　　置身于自己亲手创造的百合花园中，这种感觉真是太好了。尽管开花前阳光要足，但开花后最好适当遮阳，这样可以让花期更长。比如亚洲百合可以遮40%的光，东方百合可以遮60%的光。

　　花谢后，地上的茎和叶片不要剪掉，让它们继续进行光合作用。照常浇水，每次浇水时都要在水里加一些液肥。勤施肥，地下的鳞茎才能变壮，明年才能继续开花。

　　当地上部分自然干枯后，就把花盆放到阴凉处，偶尔浇一回水。冬天把花盆放在室外不用管，也不要浇水，让低温刺激土中的鳞茎产生花芽。到了春天再开始浇水，不久就能看到百合再次从土中钻出脑袋。

我要更多的小百合！

每年，百合都会在地下长出"子球"进行繁殖。如果花盆被新长出来的植株挤满，你可以趁早春它们还没发芽时将子球挖出来，种到新盆里。

另外还有一些种类的百合，会在叶子基部长出一些"小黑豆"，这是它的珠芽。可以摘下饱满的珠芽埋进土里，就会慢慢变成一株小百合。

能吃吗？怎么玩？

如果你种的是食用百合，那当然可以吃，但观赏百合并不适合食用，而且有些百合还含有秋水仙碱，毒性可不小，不要尝试。另外，猫舔食百合的任何部分都会严重中毒，如果家里有猫，不要让它接近百合。

百合花很适合做切花，可以在将开未开时，带着一点花梗剪下，插在瓶中观赏，或者把盛开的花朵摘下，作为家庭聚会的桌上点缀，一定会让宾客艳羡。

赏花毯，品香茶

番红花培育法

藏红花作为珍贵又著名的药材，被笼罩着一层神秘气息。但你是否知道，它可以轻易地在你家绽放？

藏红花和它所属的番红花家族，其实养护起来相当简单，近年来逐渐出现在中国的花卉市场。尝试去栽培这类可爱的小花吧，既可以欣赏一片小小的花毯，又可以泡一杯属于自己的藏红花茶。

泡茶做饭，价比黄金

走进药房，买上一包藏红花，会发现一些红色丝状物。你心里可能会嘀咕："这哪里像花啊？"其实这只是花朵中雌蕊的柱头，一朵花中，对人类有使用价值的就是这一点点。而藏红花每棵植株，一年最多提供十几根柱头，这也是藏红花价格昂贵的原因。

作为一种名贵药材，藏红花据说能够活血化瘀、镇痛健胃。它还会散发出浓郁的奇香，这种香味被形容为"蜂蜜与干草的混合味道"。如今还流行用这些"花丝"泡茶，芬芳又健康。

很多人自然而然地以为，藏红花产于西藏，其实它只是最早从西藏传入，故以"藏"为名。实际上藏红花原产于地中海地区，古希腊人两三千年前就开始人工栽培了，目前世界上最好的藏红花产地是伊朗。藏红花除了药用，在欧洲还是高档的香料和染料。曾经，这些"花丝"比同重量的黄金还要贵。西班牙海鲜烩饭那诱人的黄色，就是来自藏红花。

番红花家族的宠儿

然而所谓藏红花，只是人们对这个栽培作物的称呼。在科学上，这种植物的中文正式种名叫作"番红花"，所在的属也称番红花属。为了避免混淆，我们在下文中都把这个种叫作藏红花。

鲜活的藏红花，有三根鲜红的柱头，而其他观赏类番红花的柱头都不是很发达

　　藏红花并非自然界原有，而是由野生的卡莱番红花人工选育出来的三倍体变种。由于它被栽培的历史太长了，所以人们干脆把它从卡莱番红花中分出，独立成一个物种。

　　番红花属植物有90个种，包括藏红花在内，所有成员都长得绚丽多彩。在地中海沿岸，春秋季温和湿润，夏季却炎热少雨，所以原产于此的番红花属植物地下的茎变成了球状，可以储存营养和水分。在春秋两季，它们努力开花生长；到了夏季，它们在地上的部分枯萎，只靠球茎度过干热的日子。

　　按照开花时节，番红花属植物可分为秋花和春花两大类。藏红花就是秋花种类，在9～11月开花，而用于园艺的大多是春花种类，它们在冬日里喜欢更低的温度。

西班牙海鲜烩饭的诱人黄色，就是藏红花的功劳

藏红花种植者在摘取雌蕊，雌蕊最上部暗红色的柱头是最具使用价值的部分，我们吃的就是这里，下面黄色的部分一般是弃之不取的

番红花属植物在英国是普通的绿化植物

1 番红花的球茎现在在网上很容易买到，不到5元就能买一个。一定要在深秋去靠谱的店买进口的种球，否则容易遇到假货。不管是秋花种类还是春花种类，最好都在9~11月种下。种之前先在水中放入杀菌药"多菌灵"，稀释1000倍，将球茎浸泡几个小时，这样可以避免种下去之后发霉。

稀释 1000 倍　　　　　　　　　　浸泡几小时

浸泡后就可以种下了。买来"球根植物专用土"，先铺一层土，将球茎摆好，芽点向上。再铺一层土，这层土要在没过种球后，再加上一个种球那么高的厚度。种好之后浇透水。

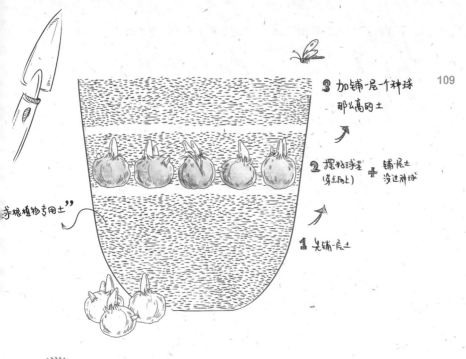

③ 加铺一层一个种球
那么高的土

② 摆好球茎
（芽点向上）　➕　铺层土
没进种球

球根植物专用土

① 先铺一层土

3

把花盆放到阳光充足、昼夜温差大、低温（零下15℃都没关系）的环境中，秋花种类将在半个月到一个月后开花，而春花种类则要一直等到春天才开花。其间不要挖土查看，以免伤根。浇水时宁干勿湿，可以掂掂花盆，感觉很轻了再浇水。我国北方大部分地区都可以露天栽培番红花，即使大雪覆盖，花苞依然会顽强挺出，那一刻真的令人兴奋！

4

花苞挺出后不久，花朵就齐齐开放了。如果多个花色的种球一起栽种，就能观赏到一片紫、黄、白相间的番红花花毯！花期会持续半个月左右，花全部凋谢后，要施几次磷钾复合肥，促进球茎生长。

掌中花园

Let's Go Gardening

花朵会持续开放半个月哦……

凉爽通风

5

花朵凋落后，叶还要再生长一段时间，这是番红花积累养分、繁殖小球的时间，需要让植株充分接受光照。到了夏季，地上部分会完全枯萎，这时将球茎从土中取出（不取出容易烂在土里），你会发现，球茎上已经多了几个新生的小球。放在凉爽通风的阴暗处度过夏季，在秋天时重新种下，就能再次观赏美花了！

藏红花还能像水仙、风信子一样水培，把根须泡在水里就行，但第二年无法再开花

水培：像养水仙般简单

藏红花也可以像水仙一样用水养，让水位维持在刚接触根尖的高度，其他条件和土培类似，这样养护起来更容易。水培可能花会比较小，也很难繁殖出新球，不过看起来更为雅致清新。这瓶水培的藏红花，最终一球开出了6朵花，花朵像绸子一样闪耀着光泽。盛开时，能把整个屋子都熏成藏红花茶的味道，难怪欧洲人将它封为"香料皇后"！

小花爆满盆

酢浆草培育法

酢浆草是生活中常见的野草，其家族相当庞大。凭借可爱的外形和强健的生命力，酢浆草家族中有不少已经被培育成园艺植物，繁多的花色一定能让你目不暇接。

我们来学习一下，如何培育出巧妙的酢浆草盆栽吧。

我不叫"炸酱草"！

房前屋后，经常能看到一种野草——酢浆草。它长着三片心形小叶，开出零星的黄花。酢浆草经常被误读作"做浆草""炸酱草"，到底怎样读才对？

我们来看看这个"酢"字，它有两个读音，读"做"时指的是酒，读"醋"时指的就是醋。而酢浆草的一大特点就是它的味道酸酸的，甚至有个外号"酸咪咪"，所以读作"醋"才正确。

有的小孩子喜欢抓一把放在嘴里嚼，享受它的酸味。不过要注意，这味道来自它体内丰富的草酸，如果大量摄入，就连牛这种大型牲口都会死掉，所以不可贪吃！

不过这一特点也使酢浆草有了另外一个用处：如果铜器生了锈，可以用酢浆草来打磨，它的草酸能中和铜锈（碱式碳酸铜），使铜器光泽如新。

弹射达人

如果把手伸进一丛酢浆草里抚摸两下，通常会受到这样的攻击——草丛中突然发出"噼噼啪啪"的声音，飞出许多小颗粒打在你的身上。虽然不能造成伤害，但力量也不可小觑。

这就是酢浆草传播种子的独特方法。弹出来的种子上通常连着一个白色的"囊泡"，那是它的外种皮。种子成熟后，外种皮会干燥收缩，被外力刺激后，就会突然翻转，把种子弹出去，这使酢浆草的传播能力十分惊人。如果你家一个花盆里长了它，不多久其他花盆，甚至没什么土的墙缝里也会开始长。

酢浆草的朋友们

酢浆草是个大家族，分散在世界各地。截然不同的环境，使它们的模样和习性逐渐产生差异。

房前屋后常见的那种酢浆草，开着小黄花，所以很多人叫它"黄花酢浆草"，其实它的正式中文名就叫"酢浆草"。真正的黄花

右边是酢浆草的果实，左边红色的颗粒就是它弹射出去的种子

酢浆草是一种南非植物，花更大，叶片上具有褐色麻点，花卉爱好者一般称它为"黄麻子"。

酢浆草每个叶柄上有三片小叶，所以常被称作"三叶草"，其实真正的三叶草是车轴草。人们喜欢从三叶草中寻找四叶的"幸运草"，这种四叶变异体在酢浆草和车轴草中都存在，但酢浆草变异为四叶的概率要更低，如果找到的话自然更加幸运喽！如果懒得找，有个省事儿的办法——酢浆草科有些外国的种类就是天生四叶的（如铁十字酢浆草），直接买来养就行了。

仔细看酢浆草的果实，像不像某种水果的缩小版？对了，就是阳桃。高大的阳桃树，竟然也属于酢浆草科！它和酢浆草一样，果实都由5个"心皮"组成，所以横截面是个五角星。不同的是，酢浆草的果实是没什么汁水的"蒴果"，阳桃的果实为浆果，汁多肉厚。

掌上花球

近年来，园艺圈里刮起了一阵种植酢浆草的风潮。这种野草有何魅力？原来，爱好者们种的不是路边的那种酢浆草，而是它的外国亲戚。

这些外国的园艺品种，开花量可要大得多了。在花季往往只见花不见叶，而且在手掌大的小盆里就能达到这种效果。加上它们的花色、叶形非常丰富，所以一到售卖季节，花友们就开始迫不及待地上网购买了。其中，90%以上的人

最常见的酢浆草，花小，叶片无斑点

黄花酢浆草（黄麻子），花大，叶片上有斑点

都选择了"秋植酢浆草"家族，它为什么这么招人喜欢呢？

春酢，秋酢，四季酢

　　酢浆草的园艺品种主要分为三类：春植酢浆草、秋植酢浆草和四季酢浆草。

　　春植酢浆草：春天种下，夏天开花，冬天休眠。品种很少，最著名的就是铁十字酢浆草，因其符合"幸运草"的外形而受到喜爱。

　　秋植酢浆草：初秋种植，深秋到春天开花，夏天休眠。这是酢浆草的主流，其中南非的种类花色丰富，最受欢迎。

粉色花朵为野生的秋酢，白色花是另一种球根植物——"魔镜"

春酢的代表——铁十字酢浆草

四季酢的代表——关节酢浆草

园艺爱好者提到的酢浆草，一般就是指"秋酢"。我们一会儿就介绍秋酢的种植。

四季酢浆草：四季开花，不休眠。这类酢浆草生命力强，常作为街边绿化植物。比如南方到处都有的关节酢浆草、紫叶酢浆草。缺点是体形太大，叶多花少，叶形和花色比较普通。

秋酢的选取

秋酢种类繁多，比如花色好似阿尔卑斯奶糖的双色酢，生长迅速的高个酢，花大且带有丝绸质感的芙蓉酢，观叶为主的棕榈酢和伞骨酢等，很容易挑花眼。

新手的话，推荐用芙蓉酢和ob酢（钝叶酢浆草）入门。尤其是ob酢系列，不仅花色多，而且植株低矮，花量巨多，开花时甚至只见花不见叶，种在巴掌大的小盆里即可欣赏到"爆盆"的效果，是最受欢迎的秋酢。

双色酢如同阿尔卑斯奶糖

除了常见的三类酢浆草，还有一类"高山酢"，原产于南美洲巴塔哥尼亚高原上，
虽然艳丽，但又贵又难养

掌中花园

钝叶酢浆草的色彩搭配令人眼前一亮

芽

根

①

从5月开始，网上就会有酢浆草的"球根"出售了。说是球根，严格来说其实是鳞茎。这些种球都很小，一般还不如瓜子大，却能变出一团花球，想想就激动。一般买来的种球都已经发芽，如果没发，就在避光处放几天，不用浇水，它自会发芽。有时芽和根同时发出，一头是芽，一头是根。发芽后才能种进土里，否则容易烂。

种植土使用泥炭加珍珠岩，比例为2：1，土壤要尽量松软，再混入一些缓释肥。花盆的直径和高度不要小于10厘米。比五角硬币大的球，一盆种一个就够了；比五角硬币小的球可以种植1～3个。填土至花盆2/3处放入球根，芽要向上放，如果难以确定发出的是芽还是根，也可以躺着放，发芽后芽会自然向上长。

泥炭 **2** : **1** 珍珠岩

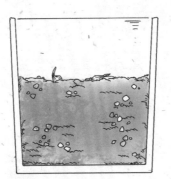

由于芽破土后会向上伸一段才长叶，头重脚轻容易倒伏，所以此时不用一次填满土，可留一个指尖的距离，等芽出来后继续填满土，防止倒伏。小心浇透水，在芽破土之前基本不要再次浇水，然后将花盆放在无强烈日光直射的位置就好啦！

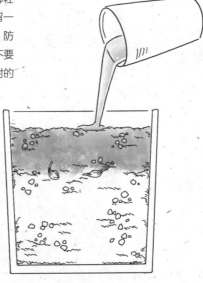

小芽出土后，就要将花盆移至阳光充足的地方了。酢浆草是喜光植物，如果光照不够会使观赏性大减。每周施一次液肥。酢浆草喜欢干燥，所以要等土比较干的时候再浇水，至盆底有水渗出为宜。

秋酢最适合南方的朋友。南方秋天凉爽，冬天也不太冷，如果白天温度在15~20℃，夜里温度在5℃，花的状态是最佳的。比如ob酢就能开成一个馒头一样的花球。零下5℃的夜温，如果时间不长也能扛得住。如果你家是这种得天独厚的环境，那就多买几种酢，让它们在你家阳台开成五颜六色的花海吧！

北方由于室外过于寒冷，室内又太热，只能种植在无暖气的封闭阳台。这样的话，植物容易"追光"，建议每隔几日转动一下花盆，让植物接受均匀光照。如果你家到处都有暖气，那还是别种秋酢了，它们会只长叶、不开花，越长越丑……

到了夏天，土面以上的部分就会枯萎。把土倒出来翻找，你会惊喜地发现，当初的一个种球竟生了好多的子球！丰收的喜悦是种秋酢的又一乐趣。好友之间，可以彼此交换小球，既扩充了自己的小花园，又增进了朋友间的感情。

各种秋植酢浆草

巧手造景：螺壳长出幸运草

　　除了花园里"爆盆"的缤纷，你也可以尝试做一个小小的造景，放在书架或桌面上随时赏玩。

　　接下来，跟我一起尝试用海螺壳布置一个迷你盆栽吧！只需要用到平时最常见的酢浆草，利用它顽强的生命力，让它变身漂亮的创意盆栽！

这是我做好的海螺壳造景

选择个大、螺口宽的海螺，也就是让我们的"花盆"尽量大些，否则盆土容易迅速干透，不好打理。如果是自己吃螺肉剩下的壳，记得一定要洗干净，最好整个泡进加入洗洁精的水中，洗净壳内部的油污。先放进一些疏水透气的沙砾，有了它，水即使浇多了，也不至于泡烂根。

铺上土。土壤不要用路边花坛或菜地的土，那种土太细，一浇水就变成烂泥巴，干了就变成硬疙瘩。可以选择的有泥炭土、腐殖土、细粒赤玉土或者湿润的水苔（泥炭藓）。用手压一压，让土紧密些。

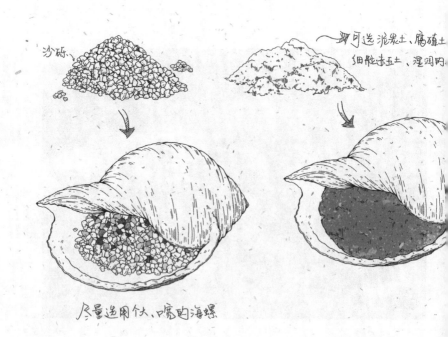

沙砾

即可选泥炭土、腐殖土
细粒赤玉土、湿润的

尽量选用个大、口宽的海螺

找一棵酢浆草，摘下几个果实，放在螺口轻轻一挤，"噼噼啪啪"，里面的种子就纷纷射在土面上。这种快感，堪比用手捏爆气泡膜的泡泡，很容易上瘾哦！记得一定要选择发暗的果子，这样的才成熟，绿色未熟的果子是无法弹射的。一个海螺可以撒上两三个果实的种子，你可能觉得有点多，但在这种小容器内栽植，发芽率不会太高，所以多撒些种子，成功概率更大。

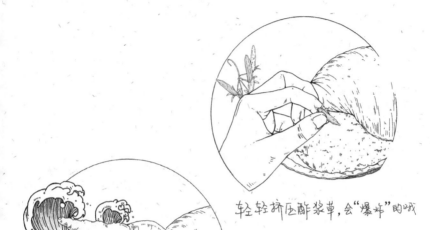

小海螺滴入式的"温柔"浇水

轻轻挤压酢浆草，会"爆炸"的哦

土面再铺上一层沙砾，既美观，又可以保护种子和土。下面要开始浇第一次水了，如此袖珍的盆栽，浇水万不可粗鲁，要么使用喷壶柔和地喷水，要么再找一个海螺舀水，轻轻滴入。浇水完毕，放在你的桌子上、大花盆的盆土上或院子的树荫下，总之是温暖、明亮而晒不到直射光的地方，隔两天浇一次水，静静等待吧。

一周后，小苗就陆续钻出来了，如果你养护得法，会有很多小芽挤在一起。可以观察几天，看看哪个芽长得弱，就把它拔掉，以保证壮苗的生长。这种做法在园艺上叫作"间苗"。

掌中花园

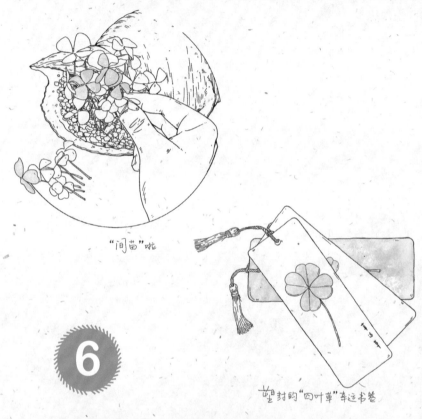

"间苗"啦

塑封的"四叶草"幸运书签

Let's Go Gardening

在你的呵护下，酢浆草会越长越大，甚至形成垂吊景观。微风吹过，一个个心形的小叶向你招着手，仿佛在说："来找找有没有四叶的幸运草吧！"如果真的找到了一片，可以摘下来做成书签，或者塑封起来，送给你爱的人。

1. 一些外国的酢浆草拥有肥厚的地下茎，能储存水分，抵御干旱。但我们种的这种酢浆草无此结构，所以要保证盆土一直有湿气，否则容易干死。只要叶柄有点儿耷拉，就说明该浇水了。

2. 在野外时，酢浆草会在枝条上长出不定根，一边在地上蔓延一边扎根，开辟新领地。但在培育时，最好把不定根剪除，既能避免失水，看起来也清爽。

3. 路边的酢浆草即使曝晒也能生长良好，那是因为它们的根扎在湿润凉爽的地下，而在狭小的螺壳里，就要避免晒到直射光。此外，不能直晒的另一个原因是阳光会使螺壳褪色，美感减分。

挤在一起的小苗

第四章

我家的小池塘

湿地生态造景法

法国昆虫学家法布尔在他的巨著《昆虫记》里写道，他最大的梦想就是有一个自己的池塘，里面有各种可爱的水生动植物快乐地生活。

想必这也是很多人的梦想吧，我们就来教大家：如何不用买一大块儿地，就能拥有一个微型池塘生态系统。

小池塘是如何自我运转的？

很多养鱼的朋友除了有一个正式的鱼缸，可能还有一个"窗缸"，这个玻璃缸会放在窗边，接受太阳直射，里面的水几个月都不换，也没有过滤器，但里面的水草常会长得出奇的好，水质也清澈见底，鱼虾放进去会兴奋地开始繁殖，病鱼放进去也会神奇地痊愈。这是为什么呢？

因为里面长时间不换水、不过滤，污物都沉到了底部，被微生物分解，阳光比人工制造的水草灯更适合水草生长，而且可以杀灭病菌，但同时，藻类也会大量滋生。不过如果你放入足够的虾和螺，它们会有效地控制住藻类。这就是一个自给自足的生态系统，也是我们湿地生态造景（即池塘缸）的理论基础。

"荷花缸"的变体

实际上，传统的荷花缸、睡莲缸就是一种池塘缸，原理完全一样，但略显单调。我们可以搭配更丰富的水生植物，让它更好看。比起玻璃水草缸，池塘缸造景简直是节能减排的典范——它完全不用电，也不用换水，养护难度可以说是"傻瓜级"的，而且观赏起来非常具有野趣。

材料准备

盆或缸：一定不能用有孔的花盆，要用不漏水而结实的瓷缸、瓦缸或塑料盆。我用的是仿木的树脂盆。

泥：可用水塘里的灰色塘泥，一般的花园土也可以。水生植物喜欢黏土，不要用疏松的腐殖土、蛭石之类，因为它们一入水就会漂起来。

铜钱草：叶片类似小荷叶，可营造田田荷塘的美景。

水葫芦：生命力强的浮水植物，会开出美丽的紫花，为造景添彩。

风车草：是一种莎草，像一把把雨伞，可营造亚热带湿地的气氛。

粉绿狐尾藻：繁殖迅速，叶片羽毛状，上面有微小的绒毛，水和灰尘都沾不上去，所以永远干净素雅。

水葱：在造景中使用线条状的植物，可以凸显东方审美趣味。

此外，菱、浮萍、鸢尾、香蒲、玉带草、泽泻、荇菜等都是非常好的材料，请根据你能找到的品种灵活搭配吧！

池塘缸植物的搭配很有学问，像这个缸里的田字蘋长势太旺，会迅速覆盖水面，遮挡睡莲的叶片，所以不适合长期放在一起

把泥经过曝晒消毒后，掰碎放进盆中。

先种后景草，把风车草放在后面，以后它会长得很高大。挖个坑，把草埋在里面。

铜钱草较矮，种在稍前，但前面要留出一块儿空间，作为以后赏鱼之用。

铜钱草较矮,
种于前方位置

4

再种好其他草,水葱放在最后面。之后缓缓加
入自来水,倒在手上作为缓冲,以免草根上的
土被冲走。

用手作为缓冲倒水

加好水后放进水葫芦，它是漂浮性水草，根不用插进土里。

植物造景完成！经过一天的日照，水草们都开始努力向上生长。是不是非常容易？

水葫芦

野生的椎实螺

孔雀鱼

池塘缸在夏天放在室外，极易滋生蚊虫，但只要放入鱼吃掉它们就可以了，鲫鱼、青鳉、麦穗鱼、斗鱼……随你发挥。经过我实验，最好的选择是孔雀鱼。它体形小，与缸比较协调，吃蚊虫能力一流，而且还能在缸中繁殖出很多小鱼，五彩斑斓，很漂亮！为防止缸中藻类滋生，一方面可以让水草恣意生长，盖住水面，这样水中光线不够，藻类就不会疯长；另一方面可以放入虾和螺。螺不要选择观赏螺，它们比较娇气，湖里的野生螺就非常好。虾、螺、鱼各放不超过10只，以免缺氧。

几周过去了，水草们已经有了明显生长。池塘缸的养护非常简单，只需要在水变少时加满水，偶尔给鱼喂点饲料就行。有些水草会很快长满水面，可以适当修剪一下（风车草极强势，要经常分株移出）。如果放到雨水能浇到的地方，那么连加水都省了。温暖地区可以全年放在室外，北方在冬天要搬进屋里，放在室内阳光最好的地方。闲暇时看看水草们从清水中挺立而出的身姿，翻开草叶数数鱼妈妈又生了几条小鱼，真是人生一大乐事啊！

特别提示：本文中的孔雀鱼和水葫芦是强悍的外来物种，容易形成入侵，请勿将其丢弃于野外河湖中。

我的池塘缸成品

玻璃小湖面

浮水植物微型造景法

如果你觉得水草缸太复杂，可以用更简单的方法接触水草。最简单的就是一碗浮水植物了。

打造简易水草瓶

微型水草造景不需要专业的水草灯，不需要过滤器，甚至不需要肥料，把水草直接放在器皿中就行了。但必须诚实地告诉大家，水草在瓶子里会活得比较憋屈，无法长期成活。这种微造景，只能用来短期观赏。

短也有短的好处，它适合店铺、展厅的摆设，并且能立刻成景，不像专业水草缸那样，还要等草慢慢长好。如果作为家中的摆设，不用高昂的电费、水费，看腻了换个景也是抬抬手的事。

水草微景三要素

要想让水草在狭小的空间内活得舒服些，我们需要注意三点。一是水草种类：选择生命力强悍的水草。二是合适的容器：如果是长条的水草，就选细长的瓶子；低矮的水草则可用盆或碗。三是放置的位置：水草都爱阳光，但是在小容器里曝晒又会被晒死，所以摆放位置很重要。

浮着的盆景

使用浮水植物造景最简单——不需要把根种进土里，不需要考虑植物的布局，直接把水草放在水面就可以了。由于它们都浮在水面，呈平面铺开，所以要选用广口的浅盆，也

酒杯蘋（左）和"红毛丹"（右）是水族市场常见的漂浮性水草

就是碗形的容器。如果选用玻璃碗，还可以从侧面观赏它们的根。

坚实的后勤保障

浮水植物从哪来？常见的槐叶蘋、紫萍、满江红在河湖里就很多，可以自行去捞。如果家附近没有河湖，就去花卉市场或网上购买。按理说，这些植物会不断分出侧芽，不过多久就会铺满水面。但在小碗里，可能会少分芽或者不分芽。你可以找一个大脸盆、大泡沫箱之类的大容器，放入浮水植物，在室外曝晒，让它们自由繁殖，作为微型造景的后备军。

微型小湖

　　浮水植物种类很多，可以在一碗水中放几种不同种类的草，欣赏不同的特色：紫萍的根会在夕阳照射下变成一丝丝"彩虹"；槐叶蘋就像肥版的槐树叶子一样，表面还密布茸毛；酒杯蘋是槐叶蘋的亲戚，但叶片像一个个小碗；"红毛丹"和满江红在阳光强烈和昼夜温差大的时候会变成鲜红色……在碗里，你还能养几条小孔雀鱼，看着浮萍被小鱼的嘴巴推动而在水面上漂来漂去。

满江红是野外常见的浮萍，相当迷你，用一个小酒杯就可以欣赏

阳光充足时，满江红会从叶尖开始变红，逐渐变成通体红色

槐叶蘋的叶片上有细小的毛刺，可以拒水，雨滴落在上面不会弄湿叶片

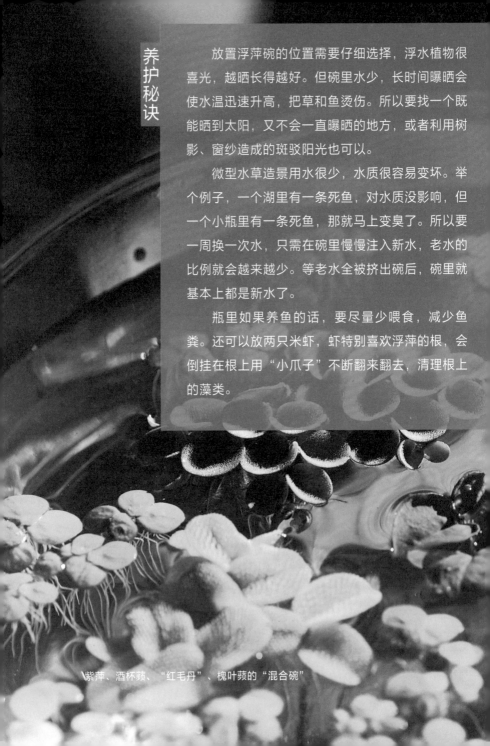

放置浮萍碗的位置需要仔细选择，浮水植物很喜光，越晒长得越好。但碗里水少，长时间曝晒会使水温迅速升高，把草和鱼烫伤。所以要找一个既能晒到太阳，又不会一直曝晒的地方，或者利用树影、窗纱造成的斑驳阳光也可以。

微型水草造景用水很少，水质很容易变坏。举个例子，一个湖里有一条死鱼，对水质没影响，但一个小瓶里有一条死鱼，那就马上变臭了。所以要一周换一次水，只需在碗里慢慢注入新水，老水的比例就会越来越少。等老水全被挤出碗后，碗里就基本上都是新水了。

瓶里如果养鱼的话，要尽量少喂食，减少鱼粪。还可以放两只米虾，虾特别喜欢浮萍的根，会倒挂在根上用"小爪子"不断翻来翻去，清理根上的藻类。

紫萍、酒杯蘋、"红毛丹"、槐叶蘋的"混合碗"

酒杯蘋和槐叶蘋的根是绿色的，紫萍的根是白色的，"红毛丹"的根是红色的……

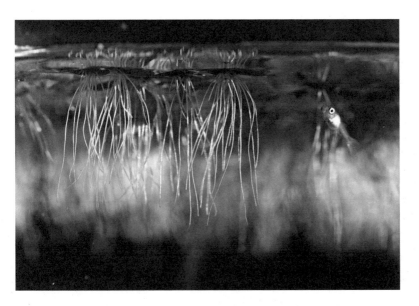

在清晨或傍晚，紫萍的根会折射出太阳的五彩光芒，把旁边的小鱼都看呆了

瓶罐里装进水世界

水草微型造景法

学会了入门级的浮水植物造景后，你是否爱上水草了呢？

这次我们就来制作更高级、更美丽的水草小景，家中摆上几个水草瓶，眼睛真的会清凉不少呢！

瓶罐养草进阶贴士

　　要想做出更多样化的造景，仅仅用浮水植物是不够的，大部分观赏类水草都是沉水植物，整个植株要完全沉在水下才能长好，所以水下环境的营造就更加重要。你需要根据不同的植物种类选择不同的器皿，而且一些植物还需要栽种在底砂中才能长好。如果你对不同水草的习性足够了解，还可以营造出浮水、沉水、挺水植物融汇一瓶的和谐美景。

　　另外，还可以通过精心挑选的底砂、石块、树枝来营造气氛，让造景更加自然。而加入鱼、虾、螺等动物，更会让水下世界鲜活起来，起到画龙点睛的效果。

　　特别提醒，这些迷你造景都是短期观赏用的，不可能像专业水草缸里的生物那样生生不息。不过，养护得法的话，也能有一个月甚至几个月的观赏期。

利用浮水、沉水和挺水植物，能造出别有韵味的迷你造景

选择"皮实"的水草，是造景能长久维持的关键。水兰和小竹节都属于疯长的草类，这种生命力旺盛的草正是微型造景的首选。它们都很细长，所以应选用瘦高的瓶子。水兰要种在小粒的砂石里，根抓住东西，它才会"踏实"。而小竹节晶莹的身体非常易碎，贸然塞进砂石里会伤到它，所以把它轻轻放进水中就好，瓶底的雨花石只是作为装饰。小竹节自己会慢慢长出根，扎进石块之间。

水兰

小粒的砂石

小竹节

雨花石

水兰会伸出匍匐茎，
在顶端长出嫩红的新植株

很多水草都具有"水上叶"和"水下叶"两种形态，以适应不同的生活环境，我们造景时也可以水上、水下同时欣赏。"油醋瓶"是西方国家的一种厨房用品，瓶中套瓶，大瓶装油，小瓶装醋。而我们可以用大瓶装金鱼藻，小瓶插进水草品种——"青叶"的水上叶。它有红色的果实，到了秋天叶子还会变红，这是水下叶无法展现的美丽。

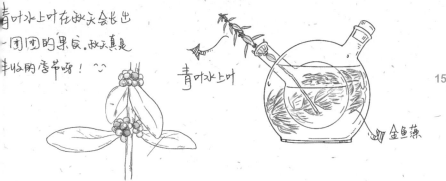

青叶水上叶在秋天会长出一团团的果实，秋天真是丰收的季节呀！^^

青叶水上叶

金鱼藻

3 稍微花点心思，就能做出更复杂的水草瓶。可以加入一些"道具"，比如从灌木上掰下的枯枝，把号称"只要有水就养不死"的水榕放在前景，轻灵透明的"满天星"放在后景，再铺上深色的"大矾沙"，放进一只米虾，一个绿色的小世界就完成了。水榕和满天星耐阴，不必晒太阳，因此水的温度也会很低，正合适喜欢冷水的虾。

小虾可以取食瓶里自然长出的藻类

第四章·藻荇交横

满天星

深色的"大矾沙"

水榕

漂在水面的紫萍可以遮挡阳光，也可以当瓶盖，减缓水分蒸发，还可以防止虾跳出来

4 逐渐了解水草后，就可以做出接近专业的水草缸了。利用起你家闲置的圆形鱼缸吧！细沙铺底，加入大块儿卵石，在卵石的空隙间栽入好养的水草，尤其是最后面的水兰，任它的叶子漂在水面，真是很有古典美呢！缸变大了，不但会让水草更舒服，还可以放一两条小型热带鱼。但金鱼、锦鲤、泥鳅等不要放，它们会吃草或翻砂，破坏造景。

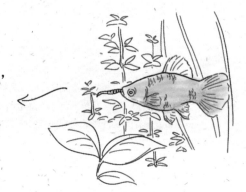

红月光鱼含着一条鱼虫，
满足地游来游去。
投喂鱼虫等饲料时，
量不能多

日本珍珠草

水榕

大海莫斯

水兰

小水兰

水草瓶在春、秋、冬三季可以放在离窗户比较近的桌子上，每天晒5~6个小时的太阳。而夏季的太阳毒辣，就要把它放在明亮凉爽但没有直射阳光的地方。

小型水草瓶要一周换一次水，为了不破坏小景，可以沿着杯壁慢慢注入新水，老水就会被"挤出"瓶子。大型的水草缸则可以用管子吸出1/3的老水后加入新水。为了减缓水分蒸发，可以盖上盖子，最好是透气的软木塞。小型瓶建议只养虾、螺，而大型缸则可以虾、螺和鱼混养，但数量不要多，5只左右就可以了。

我做好的水草瓶成品

营造你的水下花园

水草缸造景法

你有没有在水族店里见过生机盎然的水草缸呢？相信每个人都抵抗不住它的美吧！

翡翠般的水草摇曳在水晶般清澈的水中，可爱的热带鱼和小虾穿行其间，简直像是一个自给自足的生物圈。

能造出这么美丽的小世界，一定会体会到造物主的成就感吧！

水草缸：最亲民的人造生态系统

地球生态系统是宇宙中的奇迹。如果能自己制作一个小型生态系统，简直就像亲手创造世界一样。但现在市面上竟将种了些花的玻璃瓶取名"生态瓶"，实在是糟蹋了"生态"这两个字。一个合格的人造生态系统，要有各种设备和技术来为系统提供光线、水分和养料，并在系统中设置生产者、消费者和分解者。

水草缸就是最简易、最常见的一种人造生态系统。它制作方便，所需的材料在水族市场、网上都能买到，各种配套设施也已相当完备，外表美观，价格实惠，任何人都可以动手做一个，而且还能自由发挥，把这个"水星球"设置成不同的风景。是不是听上去很有趣?!

水草缸生态系统的构成要素

一个水草缸就是一个微型生态系统，要想维持它的运转，就要为它准备生态系统中的各种要素。

光：通过水草灯获得。

水：缸中的水必须是纯净水或晒过几天的自来水。新鲜自来水中含有氯，对鱼虾有害，不可直接使用。

泥土：通过底砂获得。

氧气和二氧化碳：水草光合作用、活水循环都会带来氧气，添加二氧化碳的水草会长得旺盛，但二氧化碳设备造价较高，我在这里教大家制作的是无二氧化碳添加的水草缸。

温度：冬天饲养热带鱼，需要加热棒保持温度。有暖气的北方家庭可以不用加热棒。

生产者：水草和藻类。

消费者：鱼、虾、螺吃掉藻类，产生粪便。

分解者：粪便、尸体和残饵会产生有毒的氨，天长日久会累积在缸中，把鱼虾毒死，而硝化细菌可以把氨转化为毒性相当低的硝酸盐，使生态系统长时间保持健康。这是鱼缸最重要的核心，但也最易被人忽视。只有建立起良好的硝化系统（指硝化细菌将氨氧化为亚硝酸盐，再将亚硝酸盐氧化为硝酸盐的反应系统），才能说你的水草缸是成功的。

为什么我辛勤换水，鱼却总是无缘无故地死去？

这是硝化系统没建立好的缘故。频繁换水会造成鱼缸环境波动，硝化细菌无法存活，鱼也受不了这样不稳定的环境。换水不能解决所有问题，建立硝化系统才是关键。

为什么我的鱼缸经常暴发各种藻类？

藻类暴发的原因有很多，比如光照过强、水质差等。买水草时要选择干净无藻的水草，让水质经常保持干净，再放养一些食藻动物，日常人工除藻就可轻松控制藻类。

掌中花园

第四章 藻荇交横

水草缸中的各种观赏虾

1

灯具：上帝说，要有光。光线是水草必不可少的，但不能选择一般的灯，需要购买专门的水草灯。水草灯的光谱才适合水草的生长。如果用太阳光，很容易暴发藻类，而且晚上无法观赏。所以最好使用水草灯，并把缸放在阳光无法直射的位置。缸体越大，灯的瓦数也要越大。本文所用的是35厘米×35厘米×35厘米的小缸，选择36瓦的灯足够了。

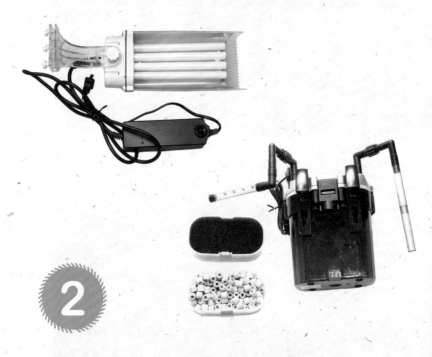

2

过滤器：为什么你原来养鱼的水总是变混浊？就是因为你没用过滤器。鱼缸里的水被入水管吸进去，经过滤绵过滤掉大的颗粒，再经过生化棉（图中黑色的海绵）和玻璃环（图中白色小环），附着在生化棉和玻璃环上的硝化细菌会分解水中的有害物质，最后从出水口流出来的就是玻璃般清澈的水了。不要选过于迷你的过滤器，最好选择中号或大号的。最简单的瀑布型过滤可以胜任小缸，但图中的滤筒效果最佳。

泥沙：大部分水草必须种在泥沙中才能生根，最便宜的泥沙是各种沙砾，但沙砾不含养分，需要额外施肥。对新手来说，选择水草泥是最省事的。它是由肥沃的土壤低温烧制而成的小颗粒，能缓慢释放养分，还能调节水的酸碱度。

沉木、石头：与水草搭配更能显出自然的韵味。自己制作沉木的话，可以去野外寻找树根，剥去树皮后泡在水桶中数月即可下沉。也可购买现成的，但需要在锅里煮沸消毒，煮到水变成黄色捞出。如果还不沉，就在木头上绑块石头。造景石不能选择石灰质的石头，它会让水变成碱性，不利于水草生长。

第四章 藻荇交横

定时器：水草每天光照8个小时为宜，定时器可以精确做到这一点。可以把开灯时段设定为你每天需要观赏鱼缸的时间，比如晚上回家后。

1 摆放的地点要稳固，不能倾斜。摆在办公室或客厅为宜，放在卧室的话，需要考虑过滤器的噪声问题。

2 倒入水草泥，铺成前低后高的样子，前部5厘米厚，后部10厘米厚，这样以后观赏起来有层次感。

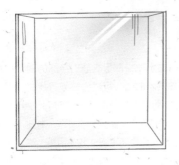

5厘米

10厘米

水草泥：前低后高，更有层次哦～

沉木
（一定要买能沉水的）

造景石

3

放置造景石和沉木，尽量展现出自然的感觉，这是检验你艺术底蕴的步骤。放之前要先试试你的沉木能不能沉水，现在市面上很多所谓的沉木，一倒水就漂上来。如果买到了这样的木头，要用石头压住它，否则待会儿一漂起来，景就白摆了。

4 放好过滤器。不要担心它煞风景，以后水草会
挡住它。

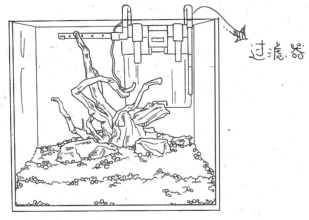

过滤器

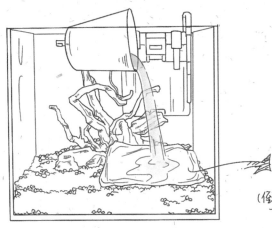

塑料袋
(倒水时铺上)

5 在底泥上铺上塑料袋，缓缓倒水。水草泥由土
壤制成，混有一些灰尘，直接倒水会造成混
浊。如果你的底砂选择的是小石子，就可倒得
豪放一点了。

Let's Go Gardening

用镊子种水草。水草的选择是整个过程的核心，很多娇气的水草需要用气瓶往水里加二氧化碳才能长好，但我们造的是无二氧化碳的缸，所以要选择强壮、好养的草。葡匐生长的草种在前面，将来会长成草坪；高大的草放在最后面；中型的草放在中间。一开始就要在缸里密植水草，让水草占据有利的生态位，这样讨厌的藻类就不会肆虐了。本缸选用的前景草为天胡荽和牛毛；中景草为小水榕（不要种在土里，绑在沉木上就好）、小竹节、牛顿草和日本珍珠草；后景草为水蕨（商品名叫水芹）、轮藻和红宫廷。在沉木上用线绑了一些珊瑚莫斯、垂泪莫斯（莫斯是英语moss的音译，其实就是苔藓的水下形态）。日后莫斯会附着在沉木上生长，充满野性。

还记得前面提到的硝化细菌吗？这是鱼缸生态系统中的重要成员。缸里生物的排泄物会产生有害物质，硝化细菌可以分解这些有害物质。有了它，你就不需要频繁换水了！所以，种草完成后，在水中加入硝化细菌（鱼市有卖），然后把过滤器里装满水，再把过滤器通电（一定要先装满水，否则会损坏水泵）。好了，造景完成了，休息一下，等待硝化系统自己形成吧！

用镊子将水草种下
注意前、中、后水草品种的安排

1．放入虾

过一周左右，水完全清澈之后，先放入一只小虾或小鱼，如果它在一周内活得很好，说明硝化系统已经建立了。这时就可以继续放动物进去。水草缸最不可少的动物就是虾，它能吃掉藻类，让水草干干净净，不妨放上几十只。草虾、樱花虾、大和沼虾都是不错的选择，但不要选择带大螯的长臂虾和螯虾，它们会吃掉水草。

2．放入螺

虾吃不掉缸壁上的藻，就需要螺上场了。苹果螺、斑马螺、洋葱螺可以吃掉顽固的藻，但不要选择神秘螺，它会吃掉水草。

3．放入鱼

水草缸里不能放金鱼、锦鲤等吃草的鱼，应该放小型灯鱼，白云金丝鱼、三角灯鱼和火翅金钻鱼都很合适。但如果你想让虾繁殖，就最好不放鱼，鱼会吃掉刚孵出的小虾。鱼不要多放，要记住，鱼在水草缸里只是配角，太多的话，缸里的硝化系统可撑不住。

养护秘诀

我们的小缸终于完成了！以后只需要每半个月抽掉1/3的水，加入晒过的自来水就行

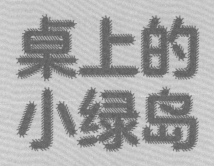

桌上的小绿岛

微缩水陆造景法

湖中的小岛上芳草鲜美，各种沼泽植物在阳光下茂盛地生长着。

想把这美丽的景色缩成手掌大小，移到你的桌上吗？一起来学学它的制作方法吧！

湖中小岛，生命的伊甸园

当漫步在幽静的湖边时，我们常会看到湖中小岛。虽然只露出水面一点点，但仍然郁郁葱葱地长满了各种湿地植物，仿佛漂在大海中的生命伊甸园，让人忍不住想划一叶小舟前往。虽然这种愿望并不容易实现，但我们可以用双手创造出一个心中的小绿岛，岛上要生长什么植物，全由我们自己决定。

由于我们做的是一个微缩景观，所以植物必须选择小型的种类。我们可以自己去水边找找。芦苇、香蒲虽然是美丽的典型湿地植物，但体形太大，不适合。而塘边和水田最常见的天胡荽、水花生、牛毛毡等杂草，是制作绿岛水陆小景的最佳选择。另外，花鸟市场的水草摊位也是淘宝的胜地，这里的水草品种都是具有观赏性的小型草。不过，我们要购买水草的"水上叶"才行，水上叶可以直接用来造景，而"水下叶"则需要一些步骤才能变成水上叶，比较烦琐。

选完植物后，剩下的事情就容易了，用简单的工具，几步就可以做成喽！

水上叶和水下叶

很多水草的叶片具有两种形态。在水下生长时，由于环境水分充足、二氧化碳含量低，所以叶片又薄又细，方便进行呼吸作用，而当水草伸出水面后，暴露在空气中的叶片就

粉绿狐尾藻的水下叶（左）和水上叶（右）

变得又厚又粗短，这样可以减少水分散失。花鸟市场里，分辨两种叶子的方法是：水上叶常被皮筋绑成一束，扔在水槽里，直接躺着出售，价格便宜，叶片放在水下时，表面会有一层空气膜覆盖，出水后水立刻流干，不沾在叶片上（如同荷叶）；水下叶会被栽植到玻璃鱼缸里出售，价格较贵，叶片在水下没有空气膜覆盖，拿出水面后，整棵植株会湿漉漉地粘在一起。

挖一块湖边的塘泥或者黏质的花园土,捏成碗状。黏质土可以防止日后开裂。

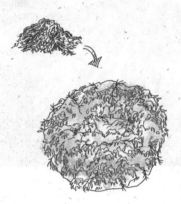

塘泥或黏质的花园土,捏成碗状

裹上浸湿的水苔

把水苔(也就是干苔藓)弄湿,裹在土团外围,裹厚一点,不要露出土。用结实的线把水苔绑在土团上,这是为了防止土壤遇水脱落。

在"土碗"的凹陷处栽入植物,如果植物过长,可以剪成适当长度再扦插。水草很快就会生根。瘦高的植物放在中央,矮的放在外围,这样看起来有层次感。之后在植物根部撒一层土,把根部固定好。

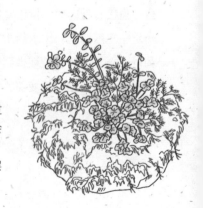

用纱布或蚊帐布包上"土碗"
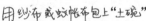

包上纱布或者蚊帐布，用线密密地绑好，这样可以让整个造景更稳固。不用担心白色的布显得突兀，日后它会变成深色，并被生长的植物盖住。当然，直接用黑色的布更好。

5 把"小绿岛"放在一个玻璃容器里，水加到土团的一半高度。放在隔着玻璃晒到太阳的地方，每天用喷壶在植物上喷几次水。

大约15天后，植物们就会变得生机勃勃，这时就可以把它们放在窗台上晒太阳了。由于都是水草，所以过长的植物会伸进水下继续生长。这时，你可以在玻璃容器里用石子垫出一个高地，把小岛放在上面，水中放养几条孔雀鱼，还能混养一两只小蛙或蝾螈，它们会爬到小岛上享受日光浴（注意加盖防逃）。这样的一个小生态系统，不用水草灯，不用过滤器，真正能做到绿色低碳。如果审美疲劳了，还可以把鱼缸加满水，让草浸入水中，不久，水上叶就会转为水下叶，整个容器又会摇身一变，成为美丽的水草缸！

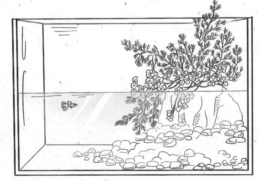

第五章

清凉茶宠，刚柔并济

蕨类附石造景法

人们看到蕨类植物，第一印象就是来自大森林的那种清新和凉爽。把蕨类摆放在家中，仿佛空气都能清爽许多。

不过，一般的盆栽蕨类太没新意了，我们今天来做一个长在石头上，可以在手上把玩的蕨类小盆景。

蕨的附生

当走在郊外时，我们常常能见到崖壁、墙缝上会钻出几片翠绿色的羽毛状叶片，刚萌发的嫩叶则呈问号状，这就是蕨类植物。它们会长在各种物体的表面，我甚至见过，在一块废弃的砖头上，它们也能在毫无缝隙的平整砖面上蔓延根须。这告诉我们，"附生"是很多蕨类植物的"看家本领"，它们可以附着在几乎没有土壤的表面，并能活得很好。如果把它们栽进厚厚的泥土，有时，它们的根反而会因为缺氧而死掉。利用这一特性，我们就可以把蕨类植物用到造景上，让它的根扎进石头里，而不是土里。这一园艺技巧叫作"附石"。我们要做的，就是一个微型的、状如天成的附石小景。

蕨的选取

蕨的种类，可以选取强壮的凤尾蕨、耐旱的卷柏（以前算蕨类，现在算石松植物）以及喜欢攀附在大树上的圆盖阴石蕨（商品名称"兔脚蕨""狼尾蕨"），这些蕨类本来就喜欢附生。那些地生的大蕨不适合做这个造景。如果你不认识蕨类也好办，看哪面阴湿的墙壁上长了蕨，采一棵小苗就好了。

材料准备

石头：吸水性要好，多孔疏松，最好是沙滩上的珊瑚石，它多孔，有天然的花纹，又富含钙质。很多蕨类喜欢钙质的基底。假山用的上水石、吴定石也可以。

水苔：一种干的苔藓，吸水性强，花市和网上都有卖。

蕨：最好选择苗子，它的根小，适应力强，成活率高，栽种后等它慢慢长大才是正确方法。切忌为了好看直接栽种大株，那十有八九会死掉。根系一定要完整，要保留好白色的根尖。

用毛茸茸的匍匐茎附生在大树上的骨碎补科蕨类

第五章 雨林幻境

1 测试石头的吸水性。在碟子里倒薄薄一层水，把石头放上去，过一会儿观察，如果石头最顶部都变湿了，那说明吸水性好，哪里没有湿，待会儿就不要把蕨栽在那里。

找一块吸水性较好的
石头进行吸水性测试

小改锥开孔

2 寻找较大的孔或缝隙作为栽培点。可以用改锥把孔开大一点，这样栽种时不会伤到根。

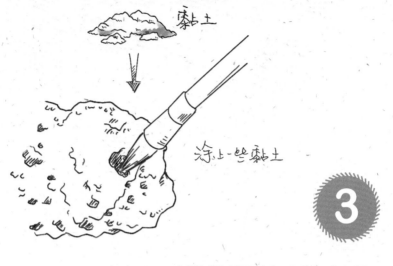

涂上一些黏土

3

在栽培点的空洞里涂上一层黏土，作为种植初
期养分的来源。

4

把蕨的根部用打湿的水苔小心地包好，不要伤
害到根部。

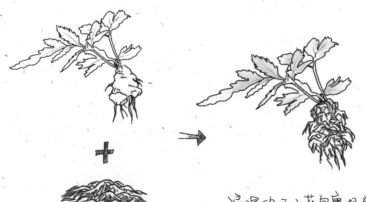

浸湿的干水苔包裹根部

用镊子一点一点地把根部连同水苔一起塞进洞里。湿润的水苔会膨胀，撑住洞壁，使植株稳固。

掌中花园

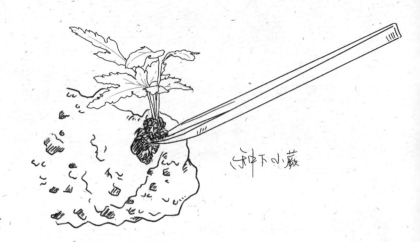

种下小蕨

Let's Go Gardening

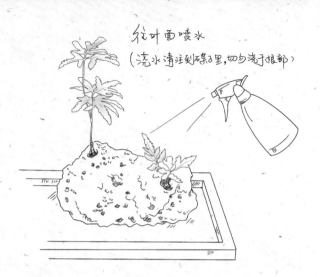

往叶面喷水

（浇水请注到碟子里，切勿浇于根部）

6

之后要保持石头表面微微湿润，每次浇水时都不要浇到蕨的根部，要把水注到碟子里，再把石头放上去，让其从下往上吸水，这样可以让根系向下找水，促使其伸进石头内部。每天都要往叶面喷一次水，保持周围环境的湿度。放在有明亮散射光的地方，不能阳光曝晒。

7

高颜值的"小茶宠"诞生了♡

我们的小茶宠做好了！根部的水苔露出来也没有关系，它会自己慢慢分解掉的，那时我们的蕨就浑然天成地长在石头上了。南方潮湿地区比较容易成功，北方就需要多照顾了。品茶的同时，品一品这个有生命的小摆件，也是一件文人雅事。不过，可别像养护别的茶宠那样，用热茶水往上浇啊！

玻璃庇护的天使

迷你岩桐小花房

大岩桐是花市上常见的盆花，但它的微缩版"亲戚"——迷你岩桐却鲜为人知。如果你家光照不好、空间不够，但又想养盆观花植物，那么迷你岩桐就是最好的选择。

把它种在具有设计感的玻璃盒中，既适宜其生长，又具有装饰性，是家中有趣的一景。

萝卜白菜，各有所爱

在观赏植物中，苦苣苔科是一群另类。它们不但名字古怪，而且外形也不太符合主流审美。许多人根本找不到它们的观赏点，他们的评语是："这有啥可养的？"但又有一群人狂热地迷恋苦苣苔科植物，认为它们有一种"诡异的萌感"，甚至用"瑰丽、精致、异域风情"来形容它们。这样两极分化的评价，在园艺界十分罕见。

大个子和小个子

苦苣苔科里，最有名的就是大岩桐属了。它的拉丁文属名是"*Sinningia*"，港澳台地区将其音译为"新宁治花"。它还有一个曾用名是"*Gloxinia*"，因此内地也有人将它音译为"落雪泥"。不过，"大岩桐"这个名字最为主流。这个属的植物原产于巴西沿海的山脉，生性强健，经过人们杂交育种，形成了今天花市上的观赏型大岩桐。它们叶大、花大，花色丰富，而且耐热、耐阴，在苦苣苔家族中最符合"人类主流审美"，很受欢迎。

而我们今天的主角——迷你岩桐，走的是另一个路子。它们的祖先是几种生活在溪谷里的大岩桐，附着在阴暗潮湿的岩壁上，叶子和花都很小。20世纪60年代，人们将这几个袖珍种引入美国的温室，经过杂交，各种迷你岩桐就诞生了。它们除了袖珍，还有两大优点：一是花瓣上具有极其复

原种的大岩桐花朵是下垂的，但如今的园艺品种已经变成了花朵向上，
市面上常见的观赏大岩桐体形很大

掌中花园

微型玻璃花房相当于一个简单的温室，不仅保湿防冻，还很美观

杂细密的花纹，每次开花还可能产生不同的花色花纹，十分耐看；二是没有直射阳光仍然可以开花，非常适合养在室内。近年来，喜欢它的人越来越多，大家将它简称为"迷岩"，使它又增添了一份诡异的神秘感。

微型玻璃花房：喜湿植物的庇护所

玻璃花房又称"沃德箱"，是大航海时代的产物。当时，欧洲有许多"植物猎人"深入热带雨林采集新奇植物。在把它们运回欧洲的途中，这些植物就被放在了玻璃容器里，这样既可以保湿，光线又很充足。后来，人们就利用这种小玻璃花房种植一些喜湿的植物，花房本身也被设计成各种形状，很有艺术感。不过，如今玻璃花房里多被装进干花，变成纯粹的复古摆设。我们何不让它发挥其原本的功能呢？

玻璃花房在网上可以买到，形状很多，最好选那种全封闭而又有一个可开启的小玻璃门的玻璃花房。我选的这种不是全封闭的，照片最正前方的那一块是没玻璃的，这种花房的内部湿度要低些，但对大部分迷岩来说足够了。花房的骨架之间有缝隙，浇水的话，水会自然流出，不会积水。但为了更透气，还是铺一层大粒赤玉土吧。

铺上一层泥炭和珍珠岩的混合土，比例为1:1。此外我还混了些桐生砂，让土壤更透气。一个食指的厚度就可以，最好整成前低后高的样子，这样后面的花开时，不至于被前面的植物挡住。然后把土壤整体喷湿。

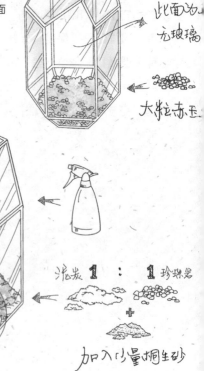

此面为无玻璃

大粒赤玉

容器开口处不够深，可以加几片石头，挡住土

泥炭 **1** ： **1** 珍珠岩

加入少量桐生砂

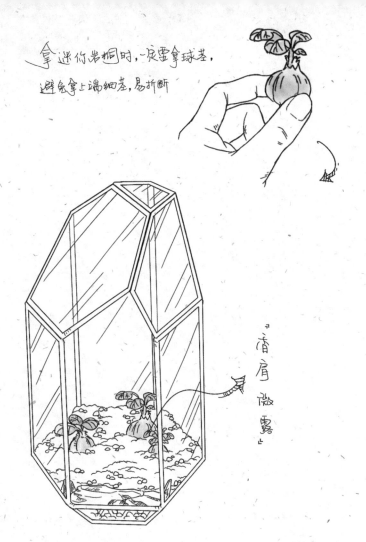

拿迷你岩桐时，一定要拿球茎，
避免拿上端细茎，易折断

「香肩微露」

3 该把迷岩请进去了。注意，迷岩的根部有个球茎，这证明它的原产地是有旱季的，需要球茎储存水分。拿的时候一定要拿球茎，如果拿上面的细茎，很容易折断。把根埋进土里，但球茎不能全埋，要"香肩微露"，可以防止它腐烂。一个花房种两三个球茎就行了。

养护秘诀

1. 光照

　　种好后，可以放在北面的窗台，接受全天明亮的散射光。当然，如果放在东窗台，每天能晒1~2个小时的晨光就更好了。如果你的房间没有窗户，或者想养在昏暗的办公桌上，可以买一盏养水草用的植物灯，每天照五六个小时，这是底线。切记：迷岩耐阴，但不代表它不需要光。电脑屏幕的光、台灯、天花板的日光灯看似很亮，其实对植物来说完全不够，光谱也不对。

迷岩的花

2．浇水

看到表层土干了就浇水，在下面垫一个水盘，水漏到水盘里也不要倒掉，就让花房泡在浅浅的、深1毫米左右的水里，可以保持土壤长时间湿润。冬天、夏天要减少浇水。

3．温度

室外温度在15℃以上时，可以拿出去养护，其他时候就放在室内吧。冬天，就算室内低到3℃左右也没问题。

4．施肥

在土面上撒几粒固体缓释肥，每隔半个月再用稀薄的液肥喷淋叶面即可。即便不额外施肥也没什么关系。

5．休眠

迷岩全年会不定期开花，在温暖地区没有明显的休眠期。只有在冷的时候或者开完花的时候，迷岩的生长才会减慢，这时候可减少浇水，直到球茎冒出新芽再恢复管理。休息后的迷岩，开花会更多。

6．繁殖

迷岩的种子细如灰尘，不推荐新手用种子繁殖。用扦插法最容易：将茎拦腰剪断，上部分保留两节以上，插在土里就能生根；下部分要在球茎之上保留至少一对叶片，这样球茎就会发出更多小芽。如果球茎上的茎都被剪掉，就有可能出现"呆球"——球茎不死，但很久都不发芽。这时，可以试着用消过毒的针轻扎两下球，造成一些小伤口，受到刺激的球就可能被"扎醒"从而发出新芽。

沏一壶苔青

苔藓瓶造景法

很多人都喜欢苔藓，青翠欲滴，赏心悦目。由于它们生长在凉爽潮湿的环境中，所以一看到它们，就仿佛自己也置身于那个舒服的氛围里，心情会很好。

所以，在家营造这样的一个小世界就变得很诱人了。

小小苔藓，独立门派

首先，我们要了解一下苔藓。在植物界，苔藓属于单独一个"门"——苔藓植物门，全世界约有两万种。拔一棵苔藓，你会发现它有"根"，但那只是假根，用来固定植株，真正吸收水分和养分的是"茎"和"叶"，但那也不是真正的茎和叶，只是长得像而已。

养苔藓，看外形

苔藓主要分为直立型和匍匐型，就常见的品种来说，直立型苔藓一般比较耐旱，匍匐型苔藓比较喜湿。用作造景时，也要根据它们的习性来布置环境。我的方法是，在采集苔藓时要观察周围的环境，包括光线、土壤，是长在瀑布边上还是楼下墙角，尤其是要看这一片苔藓中哪一块长得最好，说明那里的小环境最合适，造景时就要尽量模拟原生地环境，不同环境的苔藓不要在一起混养。

如何获得苔藓

苔藓在网上有卖的，但是我觉得最好的办法还是自己去野外采集。城市公园的竹林下、小石板路的缝隙里就有，如果你去山里旅游，更是采集匍匐型苔藓的好时机。有人觉得那么远带回家肯定死了，其实苔藓非常容易携带。用一个塑

匍匐型苔藓

直立型苔藓

料袋装进去，袋口系紧，一两天内完全没问题。你如果是长途旅游，就用弄湿的纸巾把整块苔藓包上，放进盒子里防止被挤坏，纸巾干了就再弄湿。我从西藏墨脱采的苔藓就直接装进一个大塑料袋里，一路提回北京，几乎都成活了。采集时不要贪婪，够自己用的就好，采多了对环境不好，而且携带起来也不方便。如果你一次出行要采集多种苔藓，那你不妨使用钓鱼用的多格小盒，小商品市场就可以买到。

苔藓不是夏天的专利，冬天照样是采集的好时机。这时要挑选叶片干瘪卷曲但仍然是绿色的苔藓，它们正在休眠，干燥着放在黑暗处一星期都可以，所以比夏天更适合携带。而造景后一喷水，这些苔藓马上就会苏醒，恢复青翠的形态。书里照片造景用到的苔藓，就是冬天我在上海采到的。

做苔藓瓶，可以随意摆放，让它自由生长，也可稍做设计，显得匠心独具。我这次打算设计一条"山间小路"。

第五章 雨林幻境

冬天在竹林下采集的干燥苔藓

造景步骤

首先要选择器皿。苔藓可以种在露天的花盆里，但对养护环境有较高要求，北方家里干燥，很不好活，所以我选择在玻璃器皿中闷养。一般带盖的瓶子就可以，不妨使用玻璃茶壶，盖上盖子也有壶嘴可以透气，用来蒸发多余水分，但又不会蒸发得太多，很适合养苔藓。

盖上盖也能有戏透气哦～

"疏水层"用小石子铺成，起到储水和隔水之用

先在壶底铺一层石子，作为疏水层。它的作用是把壶底多余的水和上面的土壤隔开，这样既可以在壶里存储一定水分，又不会让土壤一直泡在水里。如果你用的是比较高的瓶子，还可以多铺几层石子，每层颜色不一样，像地层的感觉，也颇有趣。

椰土混合腐殖土

3

然后是铺土。用哪种土关系不大，因为苔藓也不靠土活着。关键注意
两点：一是土一定要和苔藓衔接紧密（这个后面会解释）；二是土要
干净，闷养时湿度很大，不干净的话容易发霉。泥炭土应该是不错的
选择，我用的是椰土混合腐殖土，它们都是常见的种花土，在花卉市
场可以买到。造出一边高一边低的"地形"，增添立体感。但不要一
边堆得过高，因为茶壶是圆的，最好各角度都可观赏，一边土过高，
在某个角度就看不到苔藓了。

4

然后就是种苔藓了。苔藓采集下来，"根部"
都会带一层土，有时土底难免有凹坑。先把凹
坑用细土填满，再喷湿。

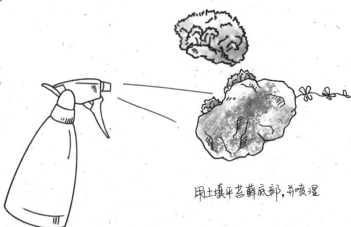

用土填平苔藓底部，并喷湿

"种"的时候用力按几下，这都是为了让苔藓和底土完全结合，避免底土很湿，苔藓却干死了这种悲剧。手够不到的地方，用镊子的尾部来按。先挑选一个主要观赏角度，然后以这个角度为参照，把较大块的苔藓种在后面，再把小块的种在前面。先把苔藓种在壶的边缘，再往中间种。把壶的边缘填满，这样比较美观。

用镊子后端将苔藓与
底土完全结合

下面要在露出的土面铺装饰土了，要用小粒的石子或者沙子，有微缩小路的感觉。由于我没有微型勺，所以只能用镊子一点一点地夹着铺……

土面裸露部分用
石子或沙子填充

然后做台阶路面。把一块松树皮沿着纹理掰成薄片，再弄成小块。小粒码在后面，大粒码在最前面，可以加深"近大远小"的效果，让微观的纵深感更强。

"近大远小"铺装松树皮，
加强小景观的空间感

喷水一定要小心哦

造景完成了

第五章 雨林幻境

8

采集时，苔藓上自带了几棵植物的
小苗，给造景增添了野生气

最后要给整个壶内喷喷水，把瓶壁上粘的土粒
喷下去，再让底土完全湿润，最底下的石子层
有一层薄薄的积水就好了。要轻轻地喷在苔藓
上，喷到小路上沙子会溅起来，那就白忙了。

养护秘诀

　　夏天避免阳光，放在明亮的阴凉处，冬天最好放在早上温和的阳光下直射。不要让它太热，也不要太湿，最好是瓶壁有些凝结的水滴，但不滑落。如果有些干了，就喷喷水。水最好是"软水"，否则苔藓很容易死。

喷水时要轻轻地喷在苔藓上，最好是瓶壁上有凝结的水滴但不滑落

暖气屋里的热带风情

蝴蝶兰培育法

兰花在南方很容易养，但在北方却很难养。

不过有一种兰花，反而在北方养得更轻松，它就是大家都熟悉的蝴蝶兰。

其实叫蛾子兰

如果把一盆蝴蝶兰摆在你面前，问你它为啥叫蝴蝶兰，你端详一番后八成会说："因为它的花像蝴蝶。"嗯，蝴蝶兰的花朵饱满，花瓣宽大，确实挺像蝴蝶。

但是，我们看看它的拉丁文属名——*Phalaenopsis*，翻译过来就是"像蛾子一样的"。在欧美地区，人们也叫它"*Moth Orchid*"，即"蛾子兰"。所以这才是它的本名！后来，它被传到日本、中国后，大家觉得这个名字实在不像话，才改成了"蝴蝶兰"。听说现在越来越多的美国人和英国人改叫它"*Butterfly Orchid*"（蝴蝶兰花）了，看来，谁都想给美丽的花配个美丽的名字。

"杂"出一个世界

蝴蝶兰属有60多种，大多产在东南亚、我国华南地区的热带森林里，用其肉质根攀附在树干上，在半空中开花。原生种中有不少惊艳的种类：西蕾利蝴蝶兰叶片上有美丽的花斑，而且是"开花机器"，一次能开出几百朵花；白花蝴蝶兰的花硕大又洁白；桃红蝴蝶兰花小，变异多，花期长；朵丽兰花梗直立，花朵配色独特；派瑞许蝴蝶兰非常迷你，可以放在手掌上……

人们用蝴蝶兰的几十个原生种不断杂交，培育出了花市上千奇百怪的园艺品种。目前市场上最常见的蝴蝶兰有两

这种迷你蝴蝶兰叫"小飞象"或"薇薇安"，叶片有黄色条纹，花朵有精致纹路，一个花梗能开几十朵花，非常推荐

"三唇瓣"变异的桃红蝴蝶兰，三个唇瓣就像三个手拉手的小人儿

类：大花蝶和迷你蝶。前者叶大花大，后者比较迷你。还有一些冷门的类群，要在网上或者兰圃里才能找到，如"奇花蝶"的花瓣纤细，上面有密码一样的花纹；"三唇瓣"的变异个体，本来只有一个的唇瓣变成了三个，既神奇又精巧。新手入门，可以首选花市上最多的大花蝶和迷你蝶，它们既强壮，花色又多，而且还便宜。

奇妙"百搭兰"

"没吃过猪肉，还没见过猪跑吗？"这句话可以改一改用在蝴蝶兰身上——"没养过蝴蝶兰，还没见过蝴蝶兰吗？"是的，它实在太常见了，酒店大堂、公司前台、春节花市以及家中窗台，到处都有它的身影。

同时，蝴蝶兰还是神奇的"百搭兰"，好几盆组合起来扎个蝴蝶结，看起来非常喜庆；单独一盆和中式家具搭配，又很有禅意；配上简约的花盆放在欧式家庭中，竟然也毫无违和感！

但是，很多人不知道怎么养蝴蝶兰，甚至看到花朵一落，就以为植物死了，将其抛弃。所以有很多懂行的人，会在春节后捡拾人们丢弃的蝴蝶兰，拿回家养。它其实非常好种，简单护理就能年年开花，对北方有暖气的家庭来说，更是好养到不行。因为暖气解决了蝴蝶兰最大的缺点——怕冷。所以北方人养兰花，首推蝴蝶兰！

配上简洁的白盆，蝴蝶兰就很有现代感

蝴蝶兰的根也可以进行光合作用，所以用透明花盆（如塑料杯）来种，它会长得更壮，不过用陶盆种也不错。记得在杯子底部捅出排水孔。刚买来的蝴蝶兰，大多种在陈旧的水苔里，要抛弃旧水苔，换成新水苔。如果你在潮湿的南方，建议把水苔换成兰石、发酵树皮，这样更透气。

水苔

透明塑料盆

陶盆

千万别往盆里填土，蝴蝶兰不是长在土里的。先在盆底铺上一层泡沫塑料块或者陶粒，这可以在盆底隔出一个空气层，透气对蝴蝶兰的根来说是非常重要的。

泡沫塑料块铺于底层

把水苔浸湿，再挤干，让它变得既有潮气又柔
软蓬松。去掉旧水苔和黑软的根，但注意，烂
根里面的那条硬丝要保留，它还能吸收水分和
养分。用新水苔包裹住根，包成一个和盆差不
多大的球。

用新的水苔包裹根部

用更多的水苔填充
空隙处，并压紧压实

把各色蝴蝶兰种在一个盆里，它们
就会同时开花

把水苔球塞进盆里，再填入水苔，直到压得比
较紧实为止。用水洗掉叶片上的碎水苔，放在
明亮的散射光处就好了！

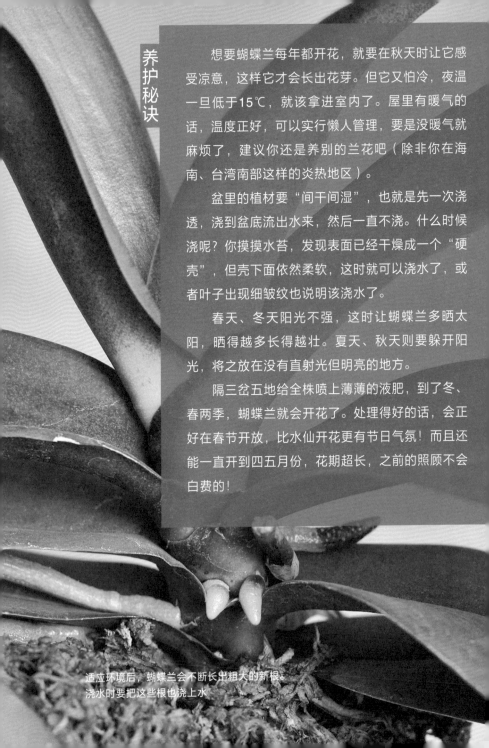

想要蝴蝶兰每年都开花，就要在秋天时让它感受凉意，这样它才会长出花芽。但它又怕冷，夜温一旦低于15℃，就该拿进室内了。屋里有暖气的话，温度正好，可以实行懒人管理，要是没暖气就麻烦了，建议你还是养别的兰花吧（除非你在海南、台湾南部这样的炎热地区）。

盆里的植材要"间干间湿"，也就是先一次浇透，浇到盆底流出水来，然后一直不浇。什么时候浇呢？你摸摸水苔，发现表面已经干燥成一个"硬壳"，但壳下面依然柔软，这时就可以浇水了，或者叶子出现细皱纹也说明该浇水了。

春天、冬天阳光不强，这时让蝴蝶兰多晒太阳，晒得越多长得越壮。夏天、秋天则要躲开阳光，将之放在没有直射光但明亮地方。

隔三岔五地给全株喷上薄薄的液肥，到了冬、春两季，蝴蝶兰就会开花了。处理得好的话，会正好在春节开放，比水仙开花更有节日气氛！而且还能一直开到四五月份，花期超长，之前的照顾不会白费的！

适应环境后，蝴蝶兰会不断长出粗大的新根。浇水时要把这些根也浇上水

同时开花的各色蝴蝶兰

让蝴蝶在家中飞舞

在北方，由于空气干燥，不容易烂根，可以把几株蝴蝶兰种在一个大盆里，既省空间又好管理，还能减少浇水次数。而且它们还会同时开花，各种花形花色汇聚在一起，姹紫嫣红，极具热带气息！

一个花梗可以开好几个月，如果审美疲劳了，可以整根剪下，插在花瓶里继续观赏，又是另一种感觉。如果把花梗拦腰剪断，那剩下的半截梗有可能会长出新的花苞，这样就又能看好久的花了！

家中的雨林

雨林缸造景法

雨林是生命的天堂，生活在城市中的你，是否向往那个野性的世界呢？不妨在自己家摆上一个雨林缸，用玻璃封印一个微型伊甸园吧！

高科技 "盆栽"

在各种园艺门类中，雨林缸绝对是最吸引眼球的那一类，因为它就像微缩的森林景观，令人着迷。可它也是相当小众的一类，因为它需要一些高科技设备作为基础，如专业的缸体、喷淋系统、植物灯等。没有这些设备，就不能模拟出雨林的湿度、温度和光照。

但别以为砸钱买设备就行了，制作者本人要有相当水平的植物学知识，才能选对植物、摆对植物。有时，一株植物位置相差一厘米，就决定了它的死活。保证植物成活后，还要对其进行美学上的排列，让它看上去自然合理，宛若天成。

由于雨林缸可以人为控制内部环境，不易受到外界影响，所以科学家会使用它来饲养濒危的植物和两栖类动物。一些热带蛙类在野外早已灭绝，只有在雨林缸中才得以保留最后的"火种"。

选植取物

缸中植物的摆放相当重要，要考虑到植物习性的不同。这个过程充满了乐趣，你会因此学到很多植物学知识，等到你摆好了，缸中每种植物的脾气也就差不多搞清了。如果摆到了正确的位置，日后的养护将会变得超级简单。

上部：这里距离灯和缸顶网罩最近、光照最强、温度最高、湿度最低，需要喜光、耐低湿的植物。①积水凤梨：最好的选择就是积水凤梨。这类植物在野外位于雨林的顶端，直接接受强烈的阳光照射。叶片在强光下会显现出五彩的颜色，却不会因曝晒而失水，因为它的叶心会形成一个"水碗"，能储存一些水。积水凤梨是个大家族，其中五彩凤梨属的种类色彩丰富，体形迷你，最适合缸养。②空气凤梨：空气凤梨是积水凤梨的亲戚，分银叶系和绿叶系两类，绿叶系较耐高湿，适合缸养，但需要良好的通风，长时间闷着不行，可放在风扇附近。

中部：这里光照、湿度适中，但没有土壤，是附生植物

积水凤梨的叶心会构成一个天然"水碗"，野外的箭毒蛙就在这个"水碗"里养育蝌蚪，于是科研人员就在雨林缸中用积水凤梨来繁殖箭毒蛙

的地盘。③附生蕨类：野外石壁、墙缝里的蕨都可以，注意根部要一直保持湿润。④附生兰花：不需要土，直接固定在背景板或木头上就行，养护过程中根部要有干湿交替，否则一直湿的话根会烂掉。让缸里的兰花每年开花相当困难，如果能做到这一点，你就是一个真正的高手了。⑤爬藤植物：小型球兰、眼树莲都很常用，能营造"藤蔓交错"的野性美。其实南方到处可见的薜荔就是极好的选择，它长势惊人，最好用在大缸里。⑥苔藓：苔藓是捉摸不定的角色，你精心养护没准死给你看，你放任不管反而会给你惊喜。所以在各处都放些苔藓，实验一下哪里长得最好。

底部：这里光照最弱，湿度最高，拥有土壤，适合耐荫的地生植物。⑦苦苣苔：这是缸中开花的主力植物，苦苣苔一般不需要强光，但需要种在土壤中，正好适合光线较暗的缸底。迷你岩桐和皮草那一个个喇叭形的花朵上点缀着精致的花纹，一定会令你着迷。而喜荫花的叶片具有金属光泽，比花更漂亮。⑧金线莲：这是一类地生迷你兰花，叶脉是金色的，在自然界中，经常被落叶覆盖住，所以极为耐荫。人工繁殖的美国金线莲非常健壮，适合缸养。⑨椒草：胡椒科的一些成员是花市最常见的盆栽，非常好养。它们的叶片低调素雅，怎样组合都不会出错。⑩草坪植物：禾叶狸藻、迷你矮珍珠、天胡荽原本在水草缸里常用，但种在雨林缸底也同样精彩，它们的水上叶可以密密地铺满土面，让绿色满溢。

第五章 雨林幻境

选个好缸可以省去不少养护精力。市面上有专门的雨林缸体，最重要的两个部件是前部进气网和排水口。在缸顶抽风机的带动下，空气从进气网进入缸体，再从缸顶排出，使缸内空气流通；排水口则是为了排出缸底的积水。

买好缸后，首先放置背景板。这是很多植物赖以附生的地方，一般是选用树蕨茎干制成的板子，但树蕨是稀有植物应该保护，所以可以用人造的替代材料，如"植纤"板，透气保水，便于植物根的附着。

背景板，可选{树蕨 (保护自然不推荐)
"植纤"板 (人工合成推荐)

空气会沿着箭头方向进入缸内，不要让植物盖住进气网

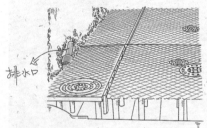

排水口

画面左侧的管子就是排水口，在缸外可以控制排水口高低，随意控制缸底水位

下面要制作关键的"假底"。假底能把整缸土壤架空，使其底部透气，不受积水浸泡，类似花盆底孔的作用。可以去鱼市买"底滤板"，根据自己缸的尺寸裁剪拼接。

3

在假底上铺一层"生化棉"，它网眼细密，可防止土壤落进缸底。接下来铺土。最好的要算团粒状的土了，透气不板结，比如雨林植物配方土、水草泥及赤玉土，也可用便宜的泥炭混合珍珠岩代替。土层尽可能厚一些。

团粒状的土最适宜植物生长，

包括：
· 雨林植物配方土
· 水草泥
· 赤玉土

4

摆放附生植物钱的木条与树枝

摆放木头。木头是附生植物生长的地方，多放些树枝就能多种些植物。树枝上下不要重叠，以免挡光。可以用几条小树枝粘成一个大树形。觉得树形不好看？没关系，被植物遮挡后就自然多了。

5

在准备附生植物的位置粘上"苔纤"，它是一种保水性超强的布（附生植物和苔藓专用），可长时间释放潮气，比光秃秃的树枝更适合植物扎根，尤其对苔藓成活特别有帮助。粘好苔纤后，绑上苔藓。也可以先把苔藓剪碎，和泥巴一起涂在木头上，再包上苔纤，这样长出来的苔藓更自然。

在树枝上包上"苔纤"

苔藓生长出来的效果

6

固定附生植物。把根用苔藓包好，用两根牙签紧压在背景板上，再剪掉牙签多余的部分。或者用热熔胶直接粘在木头上。

剪掉牙签多余的部分

背景板

牙签

用热熔胶粘也是一种不错的选择

种好底层植物后，安装喷淋系统。根据缸的大小决定喷头数量，让喷头对着背景板喷，不要对着底部喷。用秒计定时器设定喷淋次数，一天喷五六次，清晨和夜晚喷久些（40秒左右），因为在雨林中下雨集中在这两个时段。其他时段隔几个小时喷10秒左右（具体根据自家环境安排，以植物不蔫为准），打开灯（水草专用灯即可）设定一天开6个小时，缸顶放个电脑风扇，隔5个小时通风半个小时。静等新栽种的植物恢复元气吧！

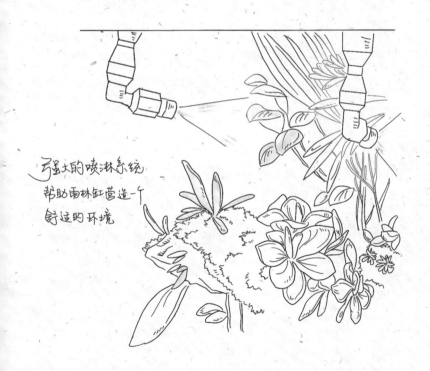

强大的喷淋系统
帮助雨林缸营造一个
舒适的环境

在植物明显"精神"后，将光照时间逐渐增至一天8～10个小时，喷淋次数适当减少。观察植物状态，直至把光照、通风、喷淋调到适合你家环境的最佳状态。

然后你需要做的只是每半个月排一下积水，给喷淋水箱加满水，全缸喷下液肥，其他完全交给设备自动养护。喷淋的水最好是矿物质含量低的"软水"，否则水滴干后容易在缸壁留下水渍。

渐渐地，你会发现苔藓开始蔓延，兰花长出了健康的根系，积水凤梨叶片变得斑斓，苦苣苔开出了美丽的花朵……如果想增添生机，可以在缸中饲养动物。螳螂、日行守宫、小型蛙、蝾螈都很合适，既漂亮，又不会损伤植物。这样的一个缸，绝对会成为你家的焦点。如果你打开缸的玻璃门，真的会闻到森林里才有的清新味道。而当兰花开放时，满缸的香味就更不必说了。客人来到你家，当他们站在缸前发出惊叹时，给他们讲讲建缸大业中的点点滴滴吧！

迷你矮珍珠迅速地铺满缸底，开始翻越横在它们面前的树根

空气凤梨在缸中每年开花

风兰开花，满缸飘香

悬空奇迹

空气凤梨造景法

作为一种观赏植物，空气凤梨近年来可谓大红大紫。它不用土栽，完全暴露在空气中就能长大开花，所以成为室内装饰的新宠。

脱离了土的限制，就可以种在各种意想不到的地方，为造景提供了无限可能。我们完全可以像玩玩具一样，创造它的各种摆设方式。

长不出凤梨的凤梨

空气凤梨一般指的是凤梨科铁兰属的植物，园艺爱好者称它们为"空凤"，是美洲的特有植物，也是菠萝的近亲。不过，空气凤梨可结不出菠萝来。空气凤梨的品种繁多、形态各异，而且照顾起来并不困难，因此越来越多的养花爱好者种植空气凤梨。

空气中过一生

空气凤梨属于附生植物，根部不扎在土里，而是"抓住"树干、石头的表面来生长。一些热带的兰花、蕨类都属于此类。但兰花等附生植物的根，大多还担当吸收水分和养分的重任，如果把根剪掉，生长会大受影响，而空气凤梨的根仅仅起到固定植株的作用，就算没根也能活得很好。因为它的叶片上长有"鳞毛"，当雨水裹挟着枯叶、鸟粪落在它身上时，鳞毛就会代替根吸收其中的水分和养分。这种特性使空气凤梨几乎可以长在任何地方，在原产地，甚至在电线上都长满了空气凤梨。

超好用的活装饰

不同种类的空气凤梨对于环境也是有不同要求的。叶面覆盖着银毛的种类被称为"银叶系"，一般产于干旱地带，养护时需要充足的阳光。而叶片偏绿、表面光滑的种类被称为"绿叶系"，一般产于湿润雨林，适合在低光环境下养护。你可以根据自家情况选择种类。

养空气凤梨不需要盆和土，所以玩法一下子变成了无限多，用胶、线或金属丝就能把它们固定在任何地方，变成了家中的立体绿化。就算简简单单摆在桌上，也是一道风景。

但是要注意，空气凤梨不是只靠空气就能活，阳光、水还是必需的，人家毕竟还是活物，要给人家基本的照顾。其实空气凤梨算是附生植物里最好养的了，我非常推荐植物新手用它入门。

绿叶系的"绿叶多国花"（左）和银叶系的"棉花糖"（右）

造景方法

直接挂起来，是空气凤梨最简单的玩法。你可以用一根丝线，也可以用铁丝或铝线来固定空气凤梨。这种方法对于潮湿地区很适用；可以让其根部保持通风。

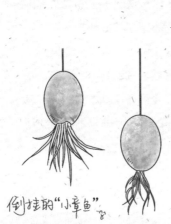

在潮湿地区，用铁丝直接垂挂，是一种不错的选择

倒挂的"小章鱼"

在国外，还有人用倒挂的花盆来养空气凤梨。我们可以搞个轻便版本——用钻了孔的蛋壳来悬挂它，将其根部塞进蛋壳孔，不掉下来就行，无须专门固定。一般的植物倒挂会长不好，但空气凤梨不用担心，它在原生地也是常常倒挂的。

浑然天成的"古代菊石"

贝壳也是空气凤梨的经典容器。有个品种叫"小蝴蝶"，叶片呈触手般的弯曲状，可以把它塞进螺壳里，马上就会变成一只张牙舞爪的"古代菊石"。

用脱刺的海胆壳来
试试着吧

虽然空气凤梨不需用花盆来养，但很多人还是觉得盆栽看着习惯些，那就不妨在盆器上下点功夫。海胆死后刺会脱落，剩下的海胆壳是天然的工艺品。吃海鲜时向老板要两个，海胆壳上有天然的洞，大小正好放进一个空气凤梨。

热熔胶

直接塞入

用热熔胶粘或直接塞进木头缝隙，
还原这种最原生态的造景效果

5

作为一种附生植物，最原生态的造景法就是让它长在"树"上。可以把它绑在院子的树干上（华南地区可以全年放在室外，其他地区冬天要拿回屋里），没有树的话就找一块好看的枯木，用胶粘在上面，或者轻轻塞进木头缝隙也行。我一直用热熔胶，经观察，热熔胶不会影响植物生长。

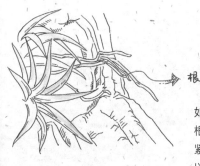

根

6

如果天气温暖、环境潮湿，空气凤梨会长出根，紧紧地"扒住"枯木。如果没长根也不要紧，根不是植株健康的标准，叶片健康就可以了。

第五章 雨林幻境

1. 通风：空气流通对空气凤梨很重要，所以最好养在室外。放在室内的话，要经常开窗通风。

2. 光照：除了盛夏的烈日不能晒，其他时候都可以晒太阳。没有直射光的话，明亮的散射光也没问题。

3. 浇水：用喷壶喷水就好。可以隔两天喷一次水，要让植物湿透。我在北京，经常两周都不喷水，空气凤梨也很健康。但每家情况不一样，自己把握吧。空气凤梨最怕的是积水，宁可干一点，也不要让叶心积水超过两天。北方基本没有这个问题，水喷上去一会儿就干了。如果在潮湿的南方，叶心积水要及时倒干。还可以把整个植物在水盆里"涮一涮"，比喷水效果更好。如果空气凤梨干到叶片皱缩，那就赶紧把全株泡在水杯里几个小时，让它"喝饱"水。

4. 施肥：隔两个月喷一次薄薄的液肥，能让它长得更快，不喷也没事，长得慢点儿而已。

空气凤梨很容易开花，看着粘在木头上的植物一点点长出花苞，真是很神奇的事。图中的品种是"哈蜜瓜精灵"，推荐大家养精灵类，迷你又健壮

开花了！分头了！

空气凤梨主要观赏的是叶片，但是开花也是很让人喜悦的事。空气凤梨每年都会开一次花，这时，顶端的叶片会变成鲜艳的红色或黄色，然后从中伸出几朵小花。花谢后，这个植株就不会再开花了，但植株基部会长出至少一个侧芽，侧芽以后还会开花。你可以等侧芽长大了掰下来，一个空气凤梨就变成了两个。我则喜欢让它留在老株上面，一年一年过去，一个空气凤梨就会变成一大丛空气凤梨，开花时会好几朵一起开，漂亮极了。

"卡比塔塔"是中型空气凤梨品种，开花时全株都会变红

妙手偶得

第六章

可以听的盆景

很多人小时候都抓过蟋蟀，养在玻璃瓶里。

为何不把蟋蟀瓶布置得绿意盎然，让虫儿们在里面快乐地度过一生，而我们自己既饱了耳福又饱了眼福？

给秋虫一个好环境

小时候，我家有个废弃的玻璃小鱼缸。我把它洗干净，铺上一层土，再扔几只蟋蟀进去，就能玩一秋天。每天放学，我都会趴在鱼缸前，观赏蟋蟀们挖土筑巢、搏斗求偶，伴着悠悠的虫鸣声入睡。

冬天，蟋蟀们慢慢寿终正寝。缸里寂静下来，我也就把它遗忘了。可开春后，偶然发现缸中竟钻出了许多小蟋蟀，原来是上一年蟋蟀产在土里的卵孵化了！这一年缸里变得可热闹了，蟋蟀们活蹦乱跳，土里还长出了几棵小植物，俨然一幅草间小景。

从那以后，我就喜欢把养鸣虫的容器布置得更有生机些，这比养在葫芦或瓦罐里更具观赏性。

选植物

一个合格的鸣虫造景，除了满足鸣虫的生存需要，更要让植物长得健壮。要达到这一点，并不需辛勤地浇水施肥，只需要选择合适的植物种类就好。一般来讲，各种鸣虫喜欢的是阴暗、稍潮湿的环境，所以植物也必须选择耐阴、耐湿的。苔藓、蕨类、屋后背阴处的各种小植物都可以试试。我这次用的是吊兰、翠云草和一种小型蕨类，它们除了耐阴湿，还有体形小、长势慢的优点，比较适合微型造景。吊兰小苗以后会长大，不过鸣虫寿命也不长，吊兰的株型可以撑到虫子寿终正寝。更好的选择是长不大的姬菖蒲、矮生沿阶草。

翠云草是一种卷柏科的蕨类植物，叶片上有蓝紫色的金属光泽，
南方树丛下和北方的花卉市场都能见到

吊兰匍匐茎上长出的小芽，适合用来做微型造景。长出气生根的芽体，
成活率几乎为100%

选鸣虫

鸣虫种类的选择也有讲究。玻璃罐中空间狭小，所以要选择小型鸣虫，它们大多属于蟋蟀总科，比如蛉蟋（俗名金铃子、黄蛉）、树蟋（俗名竹蛉）、奥蟋（俗名石蛉、山仙子）和针蟋（俗名草蛉）等。

其中，最适合瓶养的是针蟋，它有四大优点。第一，体形最小，一个小瓶就能混养很多只。第二，足上没有"吸盘"，不能爬上玻璃。如果辛苦造景后，鸣虫却总是趴在瓶壁、瓶口上，难免会产生"景中无虫，虫景分离"的感觉，而针蟋会一直趴在植物或土面上，显得自然生动。第三，数量多。秋天的城市草坪上，总会听见轻微的"咝——"的声音，这就是针蟋在鸣叫。顺着声音找过去，用一个小药瓶，半个小时就可以抓到几十只，不用花钱去鸣虫市场购买。第四，鸣叫音量小，放在家里不会"扰民"。不过，针蟋的叫声不如其他鸣虫悦耳，这是它唯一的缺点。

在小药瓶里放一张扭曲的纸巾，被捉进去的针蟋就会被困在里面，不会在你捉下一只针蟋时蹦出来

赤胸墨蛉蟋（蚁蛉）

斑翅灰针蟋（草蛉）

准备一个广口玻璃瓶，瓶口大便于操作。瓶身最好也粗一些、高一些，给造景留出空间。不过，任何透明的瓶子都可以用，甚至是可乐瓶或高脚杯。虽然难度增加，但做出的效果会更别致。

放进一层2厘米厚的火山石，或者陶粒、兰石。这三种材料疏松多孔，可以方便植物的根部透气，还能吸收多余的水分，植物不会烂根。它们在花市上都有卖，如果找不到，也可以用小石子代替。

广口玻璃瓶是个很棒的选择

2厘米厚

可以是火山石、陶粒、兰石或小石子

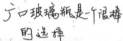

给土壤加水，达到稍潮湿程度即可

放入约4厘米厚的土壤。最好是疏松的腐殖土、花园土，工地上的细沙子也可以。土壤必须要疏松不易板结，所以不要用黏土。如果土是从野外挖来的，最好放进微波炉里加热杀菌后再使用。土的厚度视瓶罐的情况而定，大瓶子可深些，小瓶子就浅些。给土壤加水，达到稍潮湿的程度即可。由于瓶子没有排水孔，而且水分不易蒸发，所以一点点水就可以让土壤长期保持湿润。如果土壤上方的瓶壁出现凝结的水珠，就说明水加多了。土面下方的瓶壁出现水珠是正常的。

3

把吊兰栽在靠后的位置，因为它比较高大，所以用它作为后景草。把翠云草和小蕨种在靠前的位置。

按草类别高低依次种下

4

再放进一个螺壳、贝壳或者果壳，作为虫儿的食盆。直接把食物放在土上容易发霉。也可以再弄一个水盆供虫喝水，但其实每隔两天在叶片上淋几滴水，就够它们喝了。现在我们的造景完成了，即使不放蟋蟀也很有意境，不是吗？把玻璃瓶放在明亮但晒不到太阳的地方，这是植物和蟋蟀都喜欢的环境。为了防止虫儿跳出，用网纱做个简易的盖子是必不可少的。

放入螺壳作为食盆

用网纱做盖，防止虫儿跳出

主角登场！

我们的主角——斑翅灰针蟋，终于来到了它们的新家。因为它身体微小，所以放进20只都不显得拥挤。由于要听虫鸣，雄虫自然要多些，但也可以放几只雌虫。有了"美女"，"男生们"会唱得更起劲。雄虫有领地意识，会各占一个叶片鸣叫，如果有其他雄虫侵犯了领地，它们不会像斗蟋那样撕咬，而是用身体剧烈的摇摆来示威，甚至还会用后足把对方踢飞，十分有趣。透过玻璃观察这个微型世界，近处的细节一清二楚。远处的叶片和蟋蟀会因为折射而变成油画般的柔焦效果，真是梦幻般的秋夜啊！

丰富多样的大餐

蟋蟀的食物可以是水果、米饭和泡软的鱼饲料，放在食盆里供其享用。看，一粒石榴籽在蟋蟀眼里就是一顿豪华盛宴，右边那只一边吃一边高兴地振翅唱起歌来了！第一天吃剩的食物，第二天要取出，免得变质。

生命轮回，瓶里乾坤

养得好的话，你还可以看到在瓶子里繁殖出第二代！雌虫会把产卵器插进土里产卵，用不了多久，我们就可以看到新的小生命从土里爬出来了。

斑翅灰针蟋的"新家"

正在享用美食的蟋蟀

吃水果，种森林

种子盆栽培育法

吃水果的时候，你是否很讨厌里面的核呢？比起香甜的果肉，你一定想速速把核吐之而后快吧！

不要急，把它们留下来，种在土里，你就会收获一片小森林。今天教给大家的就是龙眼种子和柠檬种子的盆栽术，学会之后，吃到果核也能变成一件开心的事。

别拿果核不当种子

　　小时候，我们如果不小心吃下了果核，可能会问妈妈："它会不会在我肚子里发芽啊？"但长大后，我们反而会认为自己吃的水果都是人工培育的，里面的果核已经不具备发芽的能力了。其实，水果中还是能找到不少"原始"的种类，它们的种子并没有退化，种在土里，发芽率会高得出乎意料。水果的品种选对了，盆栽就成功了一半。经过我的实验，身边最容易得到的、发芽率最高的还要数龙眼和柠檬。我们先来做一个龙眼小森林吧！

经过人工培育，很多水果已经没有种子了，但市场上还售卖着它们的有核品种，而且价格更便宜

这次的乐趣之一是欣赏"成林"的过程

充满生机的龙眼嫩芽

种子盆栽的一大优点就是可以选用无孔盆。一般的盆栽，花盆底部都要有漏水孔，否则植物的根会沤烂。但我们种的是龙眼的幼苗，它是很需要水的，不用担心烂根，所以不需要漏水孔。没有底孔，浇水时就不会弄湿桌面，而且可选择的盆器一下子就多了。建议大家选择广口的碗，能种更多的种子，造出森林的景象。

选择无底孔的广口容器做花盆

有些龙眼的种子，在果实里就已经冒出白色的芽，这种种子生命力旺盛，一定要留下

去除的肉肉

记得把龙眼上的肉肉去除干净

下一步工作很愉悦——吃龙眼。要吃新鲜的龙眼，不要用桂圆干。吐出种子后，上面都会附带着一些果肉和绒毛，要用镊子把这些软的东西都去掉，只留下硬硬的种子。不去除的话，栽培时很容易发霉。

勤换水哦

把种子放在碗里，用清水冲洗几遍，然后水没过种子，浸泡一周。每天都要换水，因为你每天都会发现水变混，这是种子里多余的物质不断析出的现象。一直泡到大部分种子都开裂，这是里面的小芽要出来的信号。

虽说花盆没有底孔，但我们还要创造些条件，让植物的根透气，这样小苗会长得更好。铺一层小石子，石子之间的缝隙可以留存空气和多余的水。

铺上小石子，方便植株透气

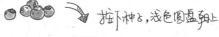

按下种子，浅色圆盘朝上

第六章 妙手偶得

倒入花市买的袋装种花土，铺到接近盆边的位置，就可以放种子了。把种子一个挨着一个半按进土里，那个浅色的圆盘朝上，这样芽长出来的时候会容易些。要种得密一点，因为会有一些种子发不了芽，要考虑到"战斗减员"对小森林景观的影响。

6 在种子上铺上一层小石子，我用的是大矶沙。事实证明，这种石子虽然好看，但保湿效果不强。建议大家使用麦饭石、火山石或赤玉土这些多孔吸水的材料，它们吸水之后会慢慢把水蒸发掉，在种子周围形成一个有湿度的小环境，利于发芽。

掌中花园

大矶沙铺于表层

7

用喷壶缓慢地绕着盆喷4圈水，土就差不多湿透了。如果你的盆更小或更大，那就要灵活掌握。不用紧张，多喷点、少喷点都能发芽。然后就把盆放在桌子上吧，不要晒太阳，否则会把种子晒干，也不要盖保鲜膜，否则很容易发霉。每天喷两下水就行了，耐心等待吧！

Let's Go Gardening

8 等待的时间会有点长，大概得10天，其间要及时夹出发霉死掉的种子。十几天后，小芽就争先恐后地开始"比个头"了！

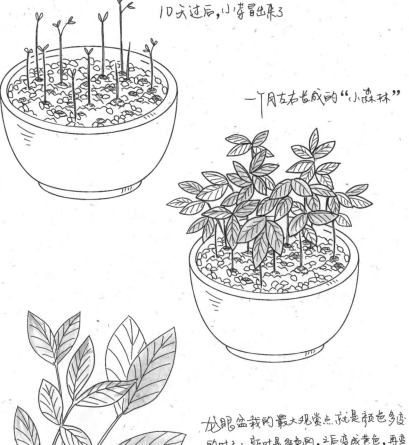

10天过后, 小芽冒出来了

一个月左右长成的"小森林"

龙眼盆栽们最大观赏点, 就是颜色多变的叶子: 新叶是红色的, 之后变成黄色, 再变成绿色

一个多月后, 小森林就长成了。你能把它和你吃的那串龙眼联系到一起吗? 这个方法对荔枝也适用。

种子盆栽大同小异，学会了龙眼，就试试柠檬吧。其实，柠檬、柑橘、橙子、柚子都是芸香科的亲戚，它们的幼苗长得都很像，也都可以种。不过，剥柠檬种子时，满屋都是柠檬的香味，这是种它别的兄弟时体会不到的享受。给大家几个小贴士。

1. 芸香科的各种水果都有无核品种和有核品种，记得买有核的，挑饱满的种子来种。

2. 栽种子时，记住把尖头向上，圆头向下，这样发芽更容易。

3. 柠檬的一个种子里会长出两三个芽，所以寥寥几颗种子就能长出很密的小森林。柑橘、橙子之类的种子也是如此。

柠檬的嫩芽

由于小盆内空间有限，龙眼和柠檬的幼苗也会小型化，甚至两三年都不会有大的改变。如果你觉得它长得太高，就把顶部的嫩芽掐掉，植物就不会向上长了。

种子盆栽还有一点难以置信——不用晒太阳。如果放在窗外，反倒容易晒死。屋里的散射光和灯光就够它用了，实在是室内绿化的利器。

由于盆器没有底孔，水分散失少，所以一次浇水后，可以一两周都不用管。时间一长，很容易让人忘了还要照顾盆栽，再去看时，植物已经蔫了。怎么判断该不该浇水呢？秘诀是看叶片。如果叶片失去光泽，新叶略微下垂，这时就要赶紧给水，不出半天，植物就会恢复精神。种子盆栽虽然简单，但也需要你经常地观察和呵护哦！

刺头深草出蓬蒿

松果盆栽培育法

刚刚发芽的松树，你见过没有？它就像一个可爱的小刺头，具有与大树迥异的风姿，却常被我们忽略。

其实，用一个松果，就能种出掌上把玩的松树盆栽。

松果——百搭的自然摆设

捡松果，是我在郊游时很爱做的一件事。松果的鳞片排列规律，符合"斐波那契数列"，有一种大自然的韵律美。地上的松果，很多都被松鼠啃过。若捡到一枚外形、大小都完美的，还是挺让人开心的。根据松树的不同，松果的样子也有不同，有巨型的，也有精致的。拿回家去，两三枚摆在桌上，浓浓的自然风袭来，几千元买的摆件也未见得有它效果好。

意外之喜

家里有大型盆栽的话，还可以把松果满满地铺在盆土表面，既避免了浇水时土壤飞溅，又挺美观。我就是这样做的。有一次我发现，松果之间长出了一种细细的小苗，顶端叶片展开，像一只小手。看来是松果里的松子发芽了！那我们能不能特意地种一盆小松树呢？

松树下的松果

松果要选择刚刚自然落地不久的，里面的松子既成熟了，又没来得及脱落。最好在晴天去采集，此时松果干燥，鳞片张开，可以看见松子的情况。松子藏在每个鳞片的基部，有的松子还带有翅，紧贴在鳞片上。镊子夹住的就是翅，一拔，松子就出来了。

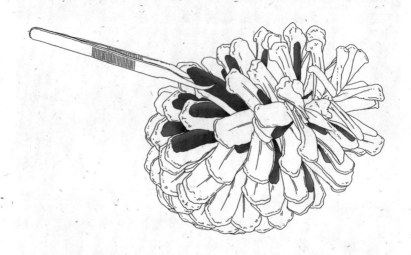

晴天采的松果鳞片张得亦开的

松树的种类可以选择马尾松、湿地松等，你可以各种松树都试一试。松果拿回家后，取出所有松子。其中有很多是败育的，把它们抛弃，只留下饱满的种子。去掉种子的翅，放在水里浸泡一周，浮在水上的捞起抛弃。

发育良好的种子（饱满）

败育的种子

接下来的做法就不太一样了。有的北方松树需要低温刺激种子才会发芽，那么就把种子裹在湿的纸巾中，放在自封袋里，扔进冰箱冷藏室（5℃左右）一个月后再拿出来种。南方松树的种子一般无须低温处理，直接播种就可以。

我想营造一个"松果掉在地上，松子从鳞片间自然发芽"的意象，所以先把松果半埋进土里，鳞片之间也填进一些土，再把松子浅埋在松果周围。

营造一个超级自然的小景致

第六章 妙手偶得

我把松果盆栽放在一大盆槭树下，
让它处于斑驳的树荫中

养护秘诀

浇透水后，放在温暖但没有太阳直射的地方，看到表面土干了就浇水。松子的发芽很慢，一个月甚至几个月都有，要有耐心。

终于冒出了一个！松子的壳被苗顶了出来，小叶开始从壳里挣脱。起初像个打蛋器，后来挣脱出几条，又像一只兰花指拈着松子壳。

很遗憾，最后这个盆栽里只发了这一个芽，也许是盆太小的缘故。不过这一棵长得还不错，有时遗忘它很久了，以为都干死了，但发现它还坚挺。松树是很耐旱的，注意不要浇水太勤，否则茎会烂掉，像养多肉一样养它就可以。

我把松果埋进盆里还有一个用途。松果有个好玩的特点，干燥时鳞片就张开，湿润时就闭合。所以观察松果的样子，就能知道土壤是干还是湿。鳞片大张，那就赶紧浇水，十几分钟后再看，鳞片已经完全闭合了。就像一个小活物一样，相当可爱。

小苗挣脱出松子壳的束缚，像是一只兰花指

当松树越来越大时，可以换到大盆里种，也可以移到野外去，
能否长成凌云之木，就看它的造化了

最好养的玻璃盆栽

天胡荽造景法

随处可见的"野香菜"也能在玻璃瓶中生出一片绿意，而且养护和制作出奇的简单。

"野香菜"也有春天

"天胡荽"这个名字有点陌生，但一说"野香菜"，很多人就恍然大悟了。这种植物在南方的田间地头到处都是，匍匐生长，叶片和香菜类似，有的地方还用它来煮汤。其实它和香菜完全是两回事，只是长得像而已。

在水族界，天胡荽的档次稍高一些，它是观赏水草的一种。常用的是一种叶片三裂的种类，它能在水上生长，也能纯水下生长。如果在水里打入二氧化碳气泡，天胡荽就能迅速爬满水草缸底部，形成草皮一样的景观。

我在玩水草缸时，也买过这种草。但我的缸不加二氧化碳，导致它的长势越来越差。我想，与其让它慢慢死去，不如抢救一下，于是便把它换成了水上养法。谁知，长势竟然旺得出奇，而且几乎不用管理。现在给大家介绍一下我的这种养法。

水草界用来观赏的天胡荽，叶片有三个深裂

路边常见的天胡荽，叶片是圆的

1 准备一个玻璃容器，最好大一点、深一点，利于天胡荽扎根、蔓延。倒入三四厘米深的颗粒状水草泥，这种水草泥网上和水族市场都有卖。

3～4厘米

颗粒状水草泥

水位稍高于水草泥

2

倒入清水，没过水草泥，水位线比水草泥高出一点。

3

从水族市场买来天胡荽。天胡荽有两种形态，水上叶和水下叶。水族市场里，这两种都有可能买到。不管是哪种，都当成水下叶处理，因为它在店家的鱼缸里已经泡了很久了，需要一个逐渐转为水上的过程。

天胡荽

4

把天胡荽分成小丛，栽入水草泥里。要把根和葡匐茎都埋进去，只露出叶片和叶柄。

盖上盖子，
让得留一个透气缝

5

让叶片全都浮在水面上或者沉在水下，不要让叶柄暴露在空气里，因为这时它们还未完全适应水上生活。盖上盖子，露一个缝，把玻璃容器放在明亮但没有直射阳光的地方。就这么简单，我都不好意思称它为造景。

一直保持这样的水位，直到发现天胡荽开始长出新叶。这时让水慢慢蒸发，水位下降到贴近泥面，天胡荽的叶片就逐渐被暴露在空气中，成为水上叶了。一旦成为水上叶，就让它隔着玻璃晒太阳，它的长势会立刻加速。当无数匍匐茎把泥面盖满时，就算成景了。

这还不算完，新的匍匐茎一看没地方爬了，就会盖在老叶子上。这样一层一层地加厚，最后能把整个容器填满，再从瓶口溢出，甚至垂下来！如果你试过在玻璃瓶里种过植物，一定知道那是很难的事。所以看到天胡荽这样的"暴力"生长，是不是做梦都要笑醒了？

这时浇水也尽可以豪放，一下子把水位浇到高于泥面两三厘米，把下面的茎叶都泡在水下也没关系，然后就任其蒸发、被植物吸收，直到枝叶略萎蔫再浇水。这种浇大水的方法，可以减少浇水的频率，非常适合懒人。

即使缸里有蚜虫、粉蚧等虫子，也好办。把所有枝条塞入瓶中，装水满到瓶口，盖上盖放一晚上，虫子就都被淹死了。第二天倒掉水就行了，连药都不用。

过多的枝条，可以剪下来制作新的瓶景送给朋友，告诉他们这种好养到没话说的玩法，相信他们也会喜欢的。

天胡荽已经长满了泥面

天胡荽一层一层地加厚生长，快要溢出来了

剪下来的天胡荽和水蕨一起塞在小瓶里，也长成了不错的小世界